人类发现之旅

兵器发展的历程

李哲 编著

THE
WEAPON
DEVELOPMENT
COURSE

中国画报出版社·北京

图书在版编目（CIP）数据

兵器发展的历程 / 李哲编著 . -- 北京：中国画报出版社，2013.1（2025.1重印）
ISBN 978-7-5146-0704-8

Ⅰ . ①兵… Ⅱ . ①李… Ⅲ . ①武器－军事史－世界－通俗读物 Ⅳ . ① E92-091

中国版本图书馆 CIP 数据核字 (2012) 第 309882 号

兵器发展的历程	李哲　编著
出 版 人：田　辉	
责任编辑：张文杰	
出　　版：中国画报出版社	
地　　址：中国北京市海淀区车公庄西路 33 号，邮编：100048	
电　　话：010-88417359（总编室兼传真）　010-88417359（版权部）	
010-88417418（发行部）　010-68414683（发行部传真）	
印　　刷：三河市兴国印务有限公司	
监　　印：傅崇桂	
经　　销：新华书店	
开　　本：700mm×1000mm　1/16	
印　　张：13	
字　　数：290 千字	
插　　图：400	
版　　次：2013 年 1 月第 1 版　2025 年 1 月第 2 次印刷	
书　　号：ISBN 978-7-5146-0704-8	
定　　价：78.00 元	

如发现印装质量问题，请与承印厂联系调换。

版权所有，翻印必究；未经许可，不得转载！

兵器发展的历程

战争作为政治斗争的最高表现形式,频繁发生在人类社会发展进程中。一部征伐频仍的人类战争史,也是一部蔚为大观的兵器发展史。兵器是科技与谋略结合的产物,从兵戈相接到远程打击,从陆地交锋到五维一体,它不断改变战争的形态,制造了无数血雨腥风和悲欢离合。

本书按照兵器形制和使用特点分类,分14个章节介绍了从史前到当今的一些主要兵器。在各类兵器的取舍上,放弃大而全的思路,注意突出重点,详略结合。在内容表述上,不仅介绍性能特点、功能参数,还突出反映其生产研制及在战争中的具体运用,力求将单个器物与重大事件、重要人物串联起来,以增强趣味性和可读性,便于读者多角度了解、掌握兵器相关知识。

阅读本书,你应当对兵器发展演化常识有一个大致了解。如果把人类社会史前到现今的发展比作一条路,火药火器、蒸汽机和内燃机、计算机及微电子是三棵树,间隔不均地栽在路上,于是兵器发展史形成了四个时代,即冷兵器时代、火器时代、机械化时代、信息化时代。冷兵器时代又可分为石器、青铜器和铁器三个阶段;火器时代有黑火药和黄火药之分;机械化时代包括一二战、冷战、核战三个阶段;信息化时代的技术探索起源于20世纪60年代,而1990年海湾战争,被视为是机械化向信息化过渡的转折点。

阅读本书,你可以获知历史镜像背后的花絮。"V"

字形手势,起源于英国弓箭手与法国骑士的对决;制造"萨拉热窝"事件的勃宁朗手枪,在一个教堂沉睡90年重见天日;名震一时的毛瑟枪,曾置肯尼迪于死地,也曾救过丘吉尔的命;马克沁重机枪发明之初,创下一役歼敌3000人的纪录;纳粹德国曾以苏联俘虏为样本,用作原子弹爆炸试验……

阅读本书,你可产生辩证的思维和进取的动力。一方面,战争的对抗性、偶然性、冒险性、创造性无与伦比,武器自然要充分体现人类的科技和智识。武器装备越先进,杀人的效率越高,征服的难度越小,毁灭地球的可能性越大,这是对世界和平莫大的威胁。另一方面,人类战争史反复表明,弱国向来无外交,强者才更有话语权,兵器发展水平是国防实力甚至综合国力的直接体现,为了维护国家主权和国防利益,必须高度重视兵器的发展创新。让武器的先进性与战争的正义性同步发展,既是我们的美好理想,也是竭力追求的目标。

目录 CONTENT

第一章 最古老的格斗兵器

冷兵器的发展 /12
　石兵器：带有锋刃的生产工具 /12
　青铜兵器：强力巩固奴隶制国家 /13
　铁兵器：穿越漫长时空 /13

十八般兵器 /14
　古代兵器分类：形制多样标准多种 /14
　十八般兵器：中国古代常见兵器的通称 /14

声名远播的名刀 /16
　世界三大名刀：大马士革刀、马来克力士剑、日本武士刀 /16
　弯刀登场：在艾因贾鲁战役中大放异彩 /18
　中国唐刀：大唐盛世的历史见证 /19

第二章 保护自己的兵器

民族性格的剑 /22
　世界名剑：刀锋上的较量 /22
　杜兰德尔圣剑：圣骑士的光荣与梦想 /23

刺客钟爱的匕首 /24
　单匕寸言：劫持敌首讨还国土 /24
　Misericord匕首：阿金库尔战役的莫大耻辱 /24
　现代匕首：无声杀敌的利器 /26
　瑞士军刀：起源于匕首的实用工具 /27

神秘的暗器 /28
　扎马钉与绊马索：对付骑兵的有效武器 /28
　弹弓：最为常见的暗器 /29

第三章 抛射兵器

精确打击 /32
　罗马方阵重投枪：防范敌人反戈一击 /32

　飞去来器：从武器演变到玩具 /33

在弓弦上跃动 /34
　马拉松之战：波斯弓箭与希腊长矛的较量 /34
　克雷西战役：英国长弓一举成名 /35
　文永之役：忽必烈功亏一篑 /37

流矢暗箭 /38
　虞诩守赤亭：将敌人诱骗至弓箭射程内 /38
　上帝折鞭：蒙哥大汗殒命流矢中 /39

弓箭手传奇 /40
　弯弓对射：公平又残忍的较量 /40
　诛敌安邦：养由基德艺双全 /41
　龙城飞将：引弓射入石棱 /42
　草船借箭：诸葛亮无法完成的任务 /43

似弓似炮的弩 /44
　劲弩趋发：孙膑用谋力克庞涓 /44
　汉军弩手：重围中拼死搏杀 /45
　北宋床弩：射杀契丹大将萧达览 /46

威力巨大的抛石机 /48
　石包：古代中国城市攻防战的主角 /48
　襄阳炮：襄樊之战一举成名 /49
　投石兵：抛掷石头的专业队伍 /50
　巨型投石器：阿基米德的经典之作 /51

第四章 防护装具

盔甲 /54
　铁制、皮制：各有千秋 /54
　纸质盔甲：柔软中的坚硬 /55
　铠甲制造：宋代吐蕃人最负盛名的手工业 /56
　铁甲著身：荣光的标志 /57

铠甲与马铠各有千秋 /58
　铠甲：重板与轻鳞 /58

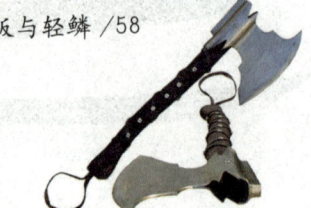

马铠：并非可有可无 /60
可守可攻的盾牌 /62
  盾的称谓：干、排、牌不一而足 /62
  盾的材质：轻便坚硬是基本要求 /62
  盾的形状：样式繁多，面饰纹案 /63

第五章　车战兵器的雄风
车轮立起大国形象 /66
  运输与战争的双重演变 /66
  车之五兵与天子驾六 /67
外国战车之最 /68
  赫梯战车：有文字记载的最早车战 /68
  亚述战车：现代坦克鼻祖 /69

第六章　骑兵兵器的突起
攻击防御机动 /72
  马鞍、马镫：骑兵重振雄风的契机 /72
  郎中骑兵与哥特重骑兵：覆灭对手的劲旅 /73
职业化军队萌芽 /74
  骑士制度：欧洲中世纪的一抹亮色 /74
  三大骑士团：中世纪骑兵的重要力量 /75
蒙古轻骑横扫欧亚 /76
  闪电战：始出于蒙古军团 /76
  灵活机动：蒙古人克敌制胜的关键 /77

第七章　攻城与守城
攻击和观察 /80
  撞城木、螺旋机：简易实用的破坏工具 /80
  防护棚具、掩蔽道、幔：掩护己方的重要器材 /80
  望楼、巢车、临时堡：观敌瞭阵、临时屯兵的处所 /81
跨越障碍 /82
  壕桥、折叠桥、云梯：设法靠近城墙 /82
  填壕车、攻城塔：纵横向突破的首选 /82
  《墨子》：攻城术的专门著作 /83
中国城墙 /84
  先民的城墙 /84
  国家出现以后的城墙 /85
欧洲城堡 /86
  要塞、城墙：占据地利之便 /86
  箭塔、城垛：探身墙外攻击 /86
  壕沟、护城河和吊桥：人为设置屏障 /87
  闸门、外堡：打击入城之敌 /87
战争视角的欧洲城堡 /88
  防护自保：修筑城堡的最初目的 /88
  知名城堡：凝固了刀光剑影 /88
城池防守的基本设施 /92
  壕沟、冯垣：最早的守城设施 /92
  陷马坑、翻转机桥：伪装巧妙的陷阱 /93
  塞门刀车、木女头：修补防御工事 /93
血与火的考验 /94
  叉竿、抵篙、钩索、缚木索：将敌人推下去吊上来 /94
  滚木、礌石、狼牙拍：不死也得脱层皮 /94
  铁火床、行炉：纵火器具火爆登场 /95
中国攻守战例 /96
  守卫雍丘、睢阳：6000人对抗13万人 /96
  晋阳之战：滚滚汾水冲开战国帷幕 /98
  攻陷天京：地道里的惊天爆炸 /99
欧洲攻守战例 /100
  肉搏温泉关：希腊最有名的守城战役 /100
  巨炮、帆船夹击：攻陷君士坦丁堡 /102

第八章　黑火药应用于战争
黑火药的发明 /106
  方士炼丹：科技发明在愚昧无知中产生 /106
  中国雪：火药由阿拉伯人传向欧洲 /107
燃烧性火器 /108
  火箭：用于作战的焰火 /108

喷筒：不仅发火而且放毒 /109
希腊火：欧洲最早的火器 /110

爆炸性火器 /112
炸弹：制作简单威力强大 /112
地雷：预埋土中一触即发 /114
水雷：浪花四溅杀气滚滚 /115

射击性火器 /116
前膛装弹、燃物点火、滑膛枪管：火枪的主要标志 /116
击发点火、直线膛线：火枪向现代手枪过渡的产物 /118
佛郎机炮、红夷炮：放大了的火枪 /118

第九章　现代枪械

黄火药在欧洲 /122
火药家族：因技术创新而人丁兴旺 /122
诺贝尔：工业化生产炸药第一人 /123

最为广泛的步枪 /124
一战前的步枪：滑膛、前装至线膛、后装 /124
二战后的步枪：向武器系列化和弹药通用化发展 /125
世界六大名枪：锋芒毕露各具特色 /126

走向的瞄准 /128
勃朗宁自动手枪：夺去800万条生命的惊天射杀 /128
毛瑟枪：刺杀肯尼迪、拯救丘吉尔 /129

枪弹的发展 /130
火帽：历经多年探索 /130
纸壳枪弹：过渡时期的产物 /130
金属枪弹：成就毛瑟枪 /131

近代中国兵器 /132
鸦片战争：兵器决定胜负没有变数 /132
江南制造局：生产出中国首艘汽船 /132
汉阳兵工厂：开国第一枪在此诞生 /133

异军突起的机枪 /134

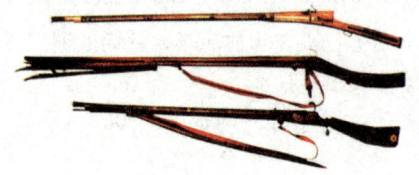

4挺马克沁重机枪：一场战役打死3000多人 /134
MG—34式机枪：希特勒瞒天过海的产物 /135

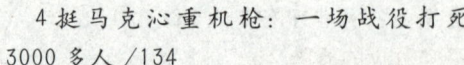

第十章　雷霆万钧的火炮

火炮家族 /138
辉煌历史：外号战争之神 /138
结构分类：大同小异又各有机杼 /138

新概念火炮闪亮登场 /140
电炮 /140
液体发射药炮 /141
非瞄准线火炮：美国陆军未来火炮 /142
激光炮 /142
隐形炮 /143

两次绞肉机战役 /144
凡尔登：巨炮对轰十个月 /144
上甘岭："一生中最残酷的战役" /145

第十一章　装甲兵器

机械化兵器发展 /148
装甲舰和潜艇首先登场 /148
军用飞机翱翔蓝天 /148
坦克横扫战壕 /148
航空母舰研制成功 /149
防空武器逐步发展 /150
生化武器问世 /151
通信技术革命 /151
军事工程装备同步发展 /151

装甲车辆盘点 /152
坦克：经久不衰的陆战之王 /152
步兵战车：摩托化军队的必备 /153

特种坦克 /154
水陆坦克：两栖作战明星 /154
喷火坦克：全职或者兼职 /154
架桥坦克：开设架桥首选 /154
空降坦克：思路出奇风险巨大 /155

二战中的经典坦克战 /156

  坦克制胜：机械化战争论的核心 /156
  长矛战坦克：似是而非的传奇 /156
  坦克群殴：以库尔斯克为场地 /158

第十二章 海战兵器

从战列舰到巡洋舰 /162
  拿破仑号：首艘动力战列舰 /162
  朱姆沃尔特级：最先进的巡洋舰 /163
  乌沙柯夫级：最大的巡洋舰 /163

经历三次革命和四场战争的巡洋舰 /164
  战火中命运多舛 /164
  打响十月革命第一炮 /165

恐怖的潜艇 /166
  U型潜艇：恐怖的水下杀手 /166
  日本双人潜艇：为军国主义扬幡张魂 /167
  库尔斯克号：俄罗斯的伤痛 /168
  中国潜艇：海军的重量级选手 /168

潜艇的糗事 /170
  英国K级潜艇：先天不足命运多舛 /170
  轴心国潜艇：悲欢交织糗闻不断 /171

大国地位象征的航母 /174
  分类：攻击、反潜、护航、多用途 /174
  武备：飞机、巡航导弹 /175
  数量：10个国家拥有，现役25艘 /176

第十三章 航空兵器代表未来

世界军用飞机 /180
  瓦赞：世界最早空战的飞机 /180
  金乌：最早从军舰上起飞的飞机 /181
  B-29：第一颗投放原子弹的飞机 /181
  X-15：最快的飞机 /182
  安-225：世界上最大的运输机 /183

空中捕猎飞艇 /184
  空中宠儿：在英国船员坐视中淹亡 /184
  飞机VS飞艇：战果悬殊的较量 /185
  德海军密码本：残骸中的意外收获 /186
  巨大恐慌：打击的不仅是飞艇 /187

非典型飞机 /188
  水上飞机：侦察、飞潜、救援 /188
  武装直升机：地面压制、战场运输 /188
  无人机：搜集信息、发起攻击 /189
  心理战飞机：宣传造势、心理施压 /190
  专用电子战飞机：数据链接、空中指挥 /191

第十四章 原子生化武器

救命稻草 /194
  爆炸重水工厂：盟军切断德国核原料 /194
  试验含钚炸弹：以700名苏联战俘作样本 /194
  发动核进攻：法西斯的最后梦想 /195

"胖子"和"小男孩" /196
  爱因斯坦：德国已向外停售铀矿石 /196
  "曼哈顿"计划：惊世骇俗的绝密工程 /196
  杜鲁门："小男孩"要出动了 /198
  保罗·蒂贝茨：轰炸广岛，我终生无悔 /199

灭绝人性的生化武器 /200
  兔热菌：3000年前的生物武器 /200
  炭疽炸弹：英国曾打算用于攻击德国 /201
  放过731部队：美日的肮脏交易 /201
  植物杀伤剂：热带雨林中的罪恶 /202
  贫铀弹：造成严重的生态灾难 /202
  化学武器：穷人的原子弹 /203

信息化战争背景 /204
  网络战武器：在敌方计算机中厮杀 /204
  基因武器：生化武器的升级版 /204
  束能武器：让敌方的人变瞎发疯 /204
  次声波武器：隔山打老牛 /204
  幻觉武器：最直接的心理战 /205
  无人作战平台：用机器人打仗 /205
  非致命武器："胶水"从天而降 /205
  气象武器：人为制造自然灾害 /205

兵器发展大事年表 /206

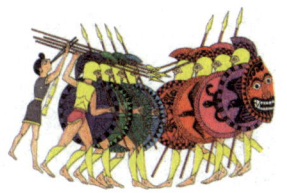

第一章

最古老的格斗兵器

　　刀光剑影,鼓角峥嵘,走进蛛网尘封的历史,厮杀呐喊伴随着滚滚烽烟扑面而来,那些刀枪剑戟、斧钺钩叉,再一次引领我们走进遥远苍茫的古战场。格斗兵器作为冷兵器的重要类型,出现的时期很早,而且使用最为广泛。陆地上,战车上,战船上,到处可见其身影。利刃相向,铁血对决,这不仅是力量技巧的比拼,更是勇气智慧的较量。在五花八门的格斗兵器背后,一曲曲壮士悲歌,一段段英雄传奇,广为流传,摄人心魄。

冷兵器的发展

在远古时代，人们利用投、磨、压、切等技术手段，制造出大量狩猎、农耕和捕鱼工具。随着军队的建立，战争作为一种独立的社会实践活动，成为经常发生的事情，而且规模越来越大，持续时间越来越长，程度越来越激烈。为了满足这种特殊需要，人们在生产生活用具的基础上，逐步开展了兵器的研制，专门满足战争目的的军事装备便出现了。随着人类生产技术的发展，冷兵器在制造技术上经历了石兵器、青铜兵器、铁兵器的漫长演变过程。

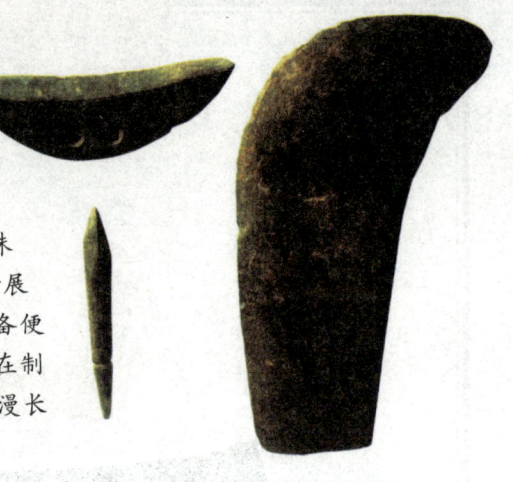
▲新石器时期靴形石刀

石兵器：带有锋刃的生产工具

至少在中石器时期，我们的祖先为了防身和狩猎，开始懂得制造和使用木棒、石刀、石斧等一类原始的兵器。原始社会晚期，各氏族、各部落之间因纠纷而引起的武力冲突日渐增多，规模也不断扩大，终于发展成部落之间的战争。

在这种战争中，单纯地利用带着锋刃的生产工具已经不能满足需要，于是就有人用石、骨、角、木、竹等材料，仿照动物的角、爪、鸟喙等形状，采用刮削、磨琢等方法，制成最早的兵器，或者说是胚胎形的兵器。它们以石制的为多，所以被称作石兵器。这类制品出土的不少，主要有石戈、石矛、石斧、石铲、石镞、石匕首、骨制标枪头等，有的还把石刀嵌入骨制的长柄中。

这些石兵器，大致经过选材、打制、磨琢、钻孔、穿槽等工序制作而成。石器时代的兵器虽然制作粗陋，但是已经形成了冷兵器的基本类型，如长杆格斗兵器戈、矛，短柄卫体兵器刀、匕

◀河姆渡文化
燧石器

首，射远兵器石镞等。石兵器虽然制作简单，但是它们却为第一代金属兵器——青铜兵器的创制开了先河。

在我国各地新石器时代的文化遗址中，还发现了用石料、兽骨和蚌壳磨成的箭镞。到了商代，我们的祖先开始使用青铜铸造刀、枪、钺等兵器。战国时代，懂得使用铁来铸造兵器。到了汉代和魏晋时期，由于我国南方冶金事业的进一步发展，开始普遍使用铁和钢铸造刀、枪、剑，各种各样的兵器也开始多了起来。

▲商代人面铜钺

青铜兵器：强力巩固奴隶制国家

我们祖先在新石器时代晚期，已经初步掌握了冶铜技术，在甘肃马家窑遗址出土的一件锡青铜刃小刀表明，我国在公元前2740年前后，已经能够使用锡青铜器具。作为装备军队的青铜兵器，在公元前21世纪建立的夏王朝已经问世。到了商代，青铜冶铸技术进一步提高，可以制作出戈、矛、斧等长杆格斗兵器。

商代以后，铜的采掘和青铜冶铸业得到比较大的发展。春秋战国时期还出现了青铜复合剑的制造技术，这种剑的脊部和刃部分别用含锡量不同的青铜铸成。这种脊韧刃坚、刚柔相济的复合剑，既锐利，又耐用，是青铜兵器制造技术提高的一个重要标志。同时，铜制的射远兵器弩，也在实践中得到了广泛的使用。

铁兵器：穿越漫长时空

中国在春秋晚期进入铁器时代，到战国晚期，已经比较好地掌握了块炼铁固态渗碳炼钢技术，炼成质地比较好的钢，为制造钢铁兵器提供了原材料。这时，南方的楚国、北方的燕国和三晋地区，已经使用剑、矛、戟等钢铁兵器。

到了西汉，由于淬火技术的普遍推广，钢铁兵器的使用越来越普遍，军队装备钢铁兵器的比例不断上升。考古界在西安市汉都长安的发掘中，发现了一座建于汉高祖时的兵器库，内藏铁制的刀、剑、矛、戟和大量箭镞，数量远远超过了青铜兵器，生动地反映了铜兵器和钢铁兵器的消长情况。

◀东汉炼精钢刀

十八般兵器

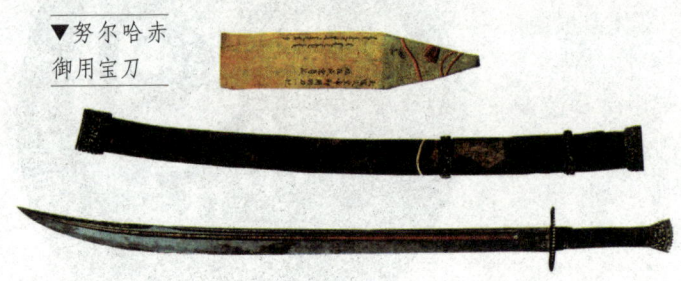

▼努尔哈赤御用宝刀

人类最初战争形态是在陆地上以器械格斗形式展开，所以用于陆战的格斗兵器出现得最早，种类也最为繁多。技术的发展及其在军事上的应用，带来作战方式的变革，而不同的作战方式又要求设计制造与之相适应的各种兵器。西汉武帝时期建立盐铁官营制度，钢铁冶炼业有了很大发展，生产规模日益扩大，不仅出现了初期的百炼钢制品，还出现了铸铁固体脱碳成钢法等新工艺和局部淬火新技术，为钢铁兵器的大规模生产提供了物质基础和技术手段。

古代兵器分类：形制多样标准多种

约公元前21至公元10世纪，这个时期被称为冷兵器时代。中国古代的冷兵器，按材质可分为石、骨、蚌、竹、木、皮革、青铜、钢铁等；按用途可分为进攻性兵器和防护装具，进攻性兵器又可分为格斗、远射、卫体三类；按作战使用可分为步战兵器、车战兵器、骑战兵器、水战兵器、防护兵器和攻守城器械等。人们习惯按社会和生产力的发展进程，分为青铜时代的兵器和铁器时代的兵器两个阶段。当然，历史的发展从来不是截然分开，在青铜时代早期，人们还大量使用着石兵器，特别是骨镞；在铁器时代的早期，人们也还大量使用着青铜兵器。

十八般兵器：中国古代常见兵器的通称

在古典小说和传统评话中，常说某位侠客义士"十八般武艺样样精通"，主要指掌握了十八种兵器的使用技能。十八般兵器泛指多种武艺，其内容在各个时期均有所不同。

▼宋代长兵器

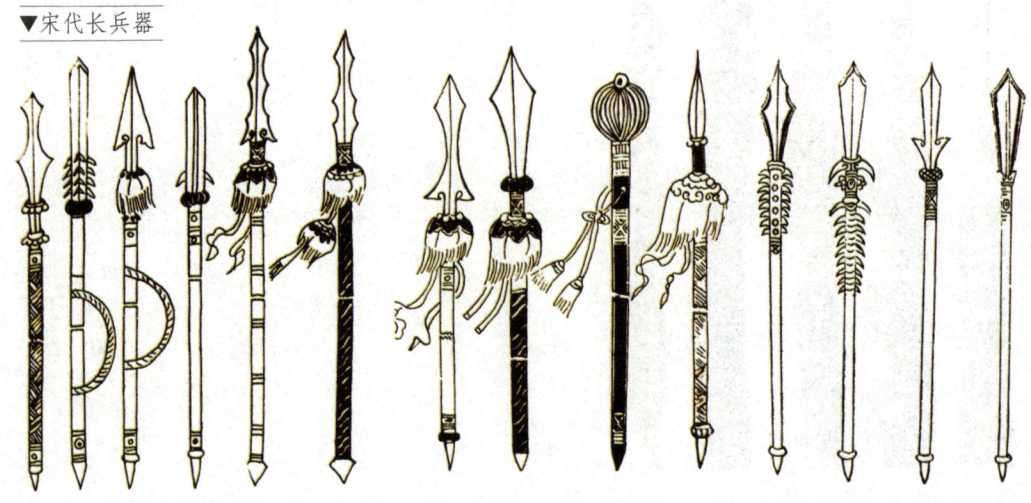

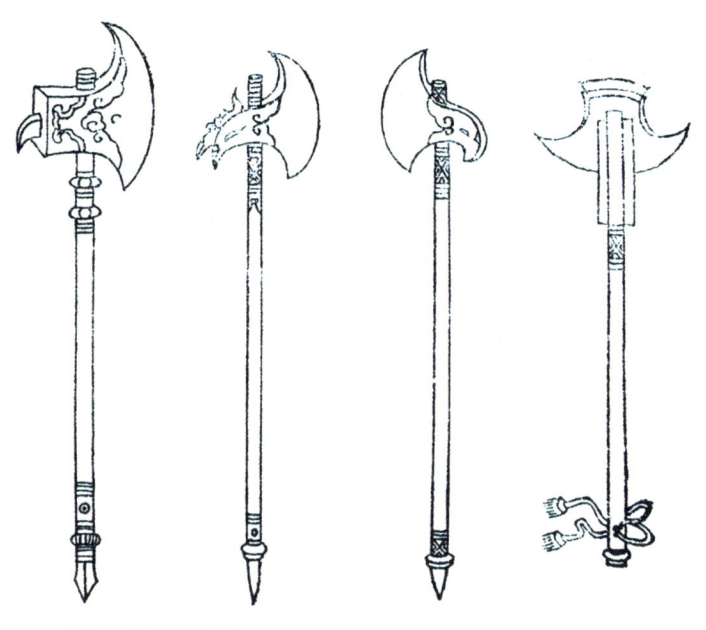

▲宋代各种长柄大斧

西汉元封四年（公元前107），汉武帝刘彻出于武备需要，筛选出18种类型的兵器：矛、镗、刀、戈、槊、鞭、锏、剑、锤、抓、戟、弓、钺、斧、牌、棍、枪、叉。

三国时代，著名兵器鉴别家吕虔根据兵器特点，对汉武帝钦定的"十八般兵器"重新排列为九长九短。九长：刀、矛、戟、槊、镗、钺、棍、枪、叉；九短：斧、戈、牌、箭、鞭、剑、锏、锤、抓。

南北朝时期，兵器制作材质完成了铜向铁的彻底转换，在十八般兵器中再无铜制武器的身影。到了明代，十八般兵器基本完备定型。

明清对十八般兵器的界定各有不同。明代万历年间，有人则认为"十八般兵器"是弓、弩、枪、刀、剑、矛、盾、斧、钺、戟、鞭、锏、镐、殳、叉、耙头、锦绳套索、白打。清初作家施耐庵在《水浒传》第二回中，提到"十八般武艺"为矛、锤、弓、弩、铳、鞭、锏、剑、链、挝、斧、钺并戈、戟、牌、棒与枪、扒。

今天，武术界对十八般兵器的解说是刀、枪、剑、戟、斧、钺、钩、叉、镗、棍、槊、棒、鞭、锏、锤、抓、拐子、流星。

可见，"十八般兵器"一词是后人所造，究竟指的是哪些兵器，因为年代、地区和流派的不同，解说也各异。十八般武艺所列兵器形式和内容十分丰富，有长器械，短器械；软器械、双器械；有带钩的、带刺的、带尖的、带刃的；有明的、暗的、攻的、防的；有打的、杀的、击的、射的、挡的。它是古代中国对四百多种冷兵器中最为常见部分的概述。

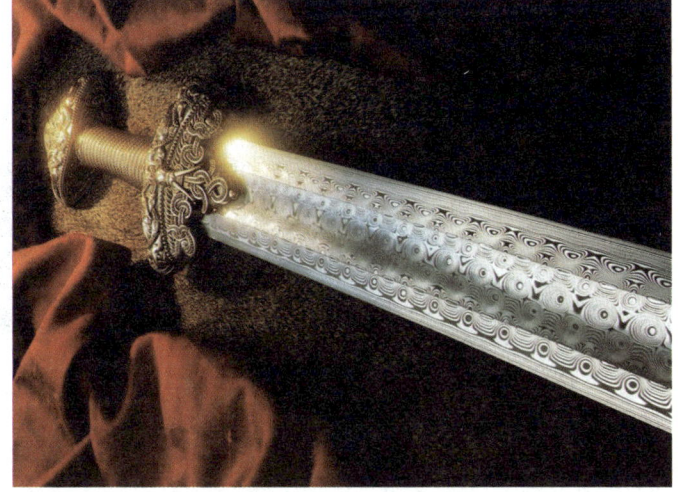

▶中国花纹刃

声名远播的名刀

刀在冷兵器中最为常见，样式也极其繁多。古代许多民族都铸造了自己最为称道的名刀，它们形制各异，各有所长。其中，能够称之为世界级名刀的，主要有三大类：一个是伊斯兰诸族（印度、伊朗、阿富汗、布哈拉、土耳其）的大马士革平面花纹刀，俗称大马士革刀；另一个是马来诸族（新加坡、马六甲、爪哇、婆罗洲、菲律宾）的糙面焊接花纹刀，俗称马来克力士剑；再一个是日本平面碎段复体暗光花纹刀，俗称日本武士刀。

从地理分布看，三大名刃出产地都在亚洲，而且离中国不远。这是因为，这些良刃为古代中国能工巧匠所造。秦始皇统一六国后，欲立万世基业，在焚书坑儒的同时，还推行销兵禁铸，严禁民间私自制造和持有兵器。一些兵器铸造行家，为避免罹难逃亡四方。逃到琉球、马来诸岛，以及匈奴、突厥、大月氏等地，战争的需求和优良的矿石，为工匠的技术传播创新提供了可能。经过多年的发展，世界三大名刃终于脱颖而出，闪亮现身于车辚辚马萧萧的古战场。

另外，中国唐朝的唐刀，也以其种类多、装饰美、实战性强而著称，它不仅对中国后来的战刀起到了示范作用，而且随着文化传播被周边的国家民族吸收借鉴，产生了深远的影响。

世界三大名刃：大马士革刀、马来克力士剑、日本武士刀

大马士革刀用乌兹钢锭制造，表面拥有铸造型花纹。在过去相当长的时间内，大马士革刀独特的冶炼技术和锻造方式，一直被波斯人视为秘密，不为外界所知。

大马士革刀呈长弯月形，有的弯成弓背状。此刀虽然是单手所持，但刀身长而宽，重量大，劈砍时的威力强劲，可将敌人连人带甲一同劈开。伊斯兰部落的骑士们杀敌时不是用刀砍劈，而是策马疾驰将刀平持手中，使刀锋平划切抹敌人头部或身体。十字军

▼大马士革刀

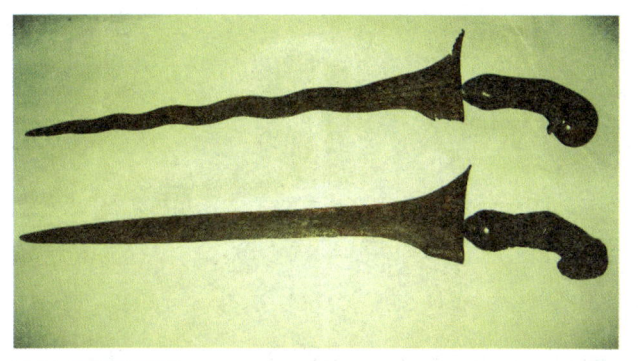

▲马来克力士剑

东征期间,当伊斯兰教历史上的英雄人物萨拉丁与英国国王、"狮心王"查理一世在耶路撒冷决战时,萨拉丁跃马扬鞭来到十字军阵前,将一方手帕抛到空中,然后猛地抽出大马士革弯刀凌空一劈,手帕顿时断为两节,刀锋之利可见一斑。如今一些被收藏的大马士革刀,仍可以轻松将抛在空中的蚕丝斩断。

大马士革刀上有手工纹饰,嵌黄金宝石,有的还饰有珐琅彩工艺,可谓珠联璧合,精美绝伦。1798年,法国拿破仑远征埃及,与土耳其、阿拉伯、埃及联军骑兵相遇,一阵枪战将其击退。敌军死士身上佩戴的弯刀,让法军士兵叹为观止,于是争相抢夺,场面大乱。就连素以治军严明著称的拿破仑,也禁不住心生好奇,选择了一件刀具,作为战利品带回。如今,这把刀陈列于巴黎东方兵器博物馆。

马来克力士剑兴盛于13世纪的满者伯夷(今印度尼西亚泗水市西南)王国,剑体取材于陨石铁,锤锻入火500次左右,刃上的夹层钢有600层之多。早期人们对马来克力士并不在意,直到与白人几次作战后,才被马来克力士的优良表现所折服。当时,荷兰枪手的火枪钢管经常被马来克力士剑一劈而断,剑刃轻轻推送就可刺入敌身。根据在剑身糙面花纹孔隙里浸入的液体不同,该剑可分为香刃和毒刃两种,其功效发挥可长达上百年。这使得马来克力士剑变得更为神奇。

人们也非常注重装饰马来克力士剑,有的人将糙面刃纹铸成浮雕造型,有的人用象牙、金银装饰柄和鞘,并且镌刻花鸟兽形。在马来旧俗中,男子腰插3件克力士剑,一件家传,一件自购,另一件是结婚时妻子所赠。作为结婚纪念品的那一把,往往造型最为精美。白种人统治以后,禁止马来人佩戴克力士剑,制刃业随之衰落。

日本武士刀由中国唐刀改良而成,依据形状、尺寸分为太刀、打刀、胁指、短刀,广义上还包括剑和枪。此刀刀体呈平面碎段复体暗光花纹,常见的有边花、腹花、小暗斑、粗暗斑等。与众不同的是,这种刀不仅具备武器应有的锋利,还以造型优美著称,很多名刀寓含着武士之魂的象征意义,被当作艺术品收藏。

▼日本武士刀

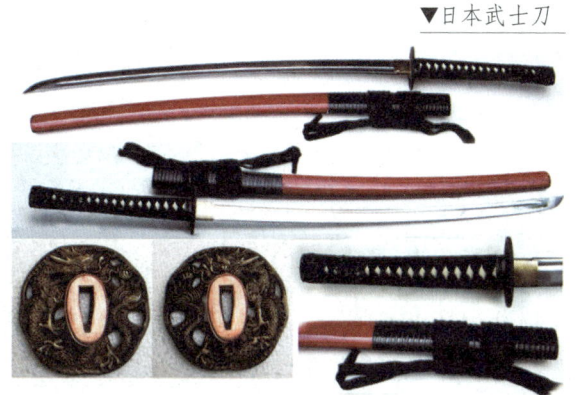

《明史》曾记载,著名抗倭将领戚继光的部队与倭寇作战时,兵士刀剑常被日本刀削断。日本刀创造了世界刀剑史的神话,它的影响波及整个世界。从12世纪起,成千上万把钢刀出口远东市场,销售量与其他两种名刀相比毫不逊色。

▲艾因贾鲁战役

弯刀登场：在艾因贾鲁战役中大放异彩

1260年8月，埃及马木留克苏丹忽都思率领12万大军，在艾因贾鲁特附近山谷同12.5万蒙古军队决战。

马木留克骑兵全是重骑兵，头戴精钢打造的头盔，身披锁子甲。武器装备包括一张强弓、一支长矛、一柄大马士革弯刀和一面盾牌。马木留克强弓射程远，穿透力强，但射速稍慢。坐骑是阿拉伯纯种马，速度、耐力都可圈可点。马木留克骑兵的刀法出色，享誉世界的大马士革弯刀更使其如虎添翼。

蒙古大将怯的不花领军率先发动进攻，埃及军团佯装退却，蒙古军队紧追不放，冲进山谷。5万名马木留克骑兵排成6公里长的阵线，而部署在两侧群山里的7万名北非轻骑兵这时也冲了出来，形成对蒙古军队的三面包围。怯的不花立刻命令两个万人铁甲骑兵为先锋，向马木留克阵营两翼突击，重骑兵以马刀左劈右砍，轻骑兵以箭矢袭敌，马木留克阵营开始后退。

千钧一发之际，忽都思亲自冲进蒙古军阵中，挥舞着大马士革弯刀大力砍杀，他的行为极大鼓舞了马木留克骑兵，他们狂呼着冲锋。良马、利刃、猛士，人与武器配合产生的效用，在激烈搏斗中发挥到极致。蒙古轻骑兵历来以机动攻防见长，不擅于近距离格斗，所以当两军处于胶着状态时，蒙古军队明显处于劣势。这场混战

刀剑工匠——文成公主的特殊嫁妆

藏族生活在我国西部藏、甘、青、川、滇等地，是一个强悍尚武，有着悠久历史及文化传统的民族。当年文成公主入藏时，唐太宗除陪嫁大量珍宝外，还以典籍著作和大量工匠作为嫁妆，其中即包括冶炼师和刀剑工匠。这些工匠带去的先进技术，对吐蕃冷兵器制造业的发展起到很大作用，藏刀等藏族冷兵器在盛唐的影响下，奠定了基本形制。

藏刀是藏族男子英武、豪迈和财富的象征。藏民在吃饭、整理皮革、屠宰等日常生活中，经常使用短刀；宗教集会时候，则要佩戴长刀。藏刀既是雪域高原高超工艺技巧的结晶，又是中原地区古代兵器的活化石，从中可以寻觅到中国古代兵器演化的遗迹。

一直从清晨持续到下午，蒙古军队伤亡渐增，渐显败象。怯的不花拒绝撤退，亲率卫队发动反冲锋，因战马跌倒而被俘，很快被杀。失去主帅的蒙古军队军心涣散，夺路而逃。马木留克骑兵追击至一个名叫贝珊的地方，将蒙古残军合围。又一场厮杀开始，可怜的蒙古士兵全部成为埃及军团的刀下之鬼。

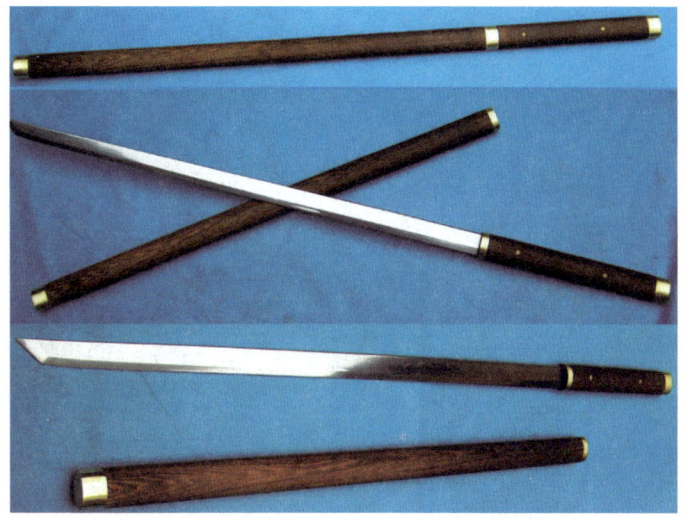

▲中国唐刀

中国唐刀：大唐盛世的历史见证

中国唐朝初期，政治开明、经济繁荣、军事强大，成为当时世界的中心。从唐初的统一之战到盛唐时期所有的对内对外战争中，都出现了冷兵器历史上对后世影响巨大的武器——唐刀。

唐刀具有礼仪和战斗两大功能，分为陌刀、仪刀、横刀、障刀四种样式。陌刀即长刀，为步兵所用，是军队重要的装备，用于击杀对手骑兵。唐中期被作为军队专用器物，严禁民间私造私藏。其传承为汉之长剑"断马剑"，现在出土的汉长剑有的长达140多厘米，唐朝人在其原有形制基础上，改进为双手所持并加长手柄的两刃长刀。仪刀是羽仪所执，在晋宋时被称为御刀，在后魏时被称为长刀，到隋朝时被称为仪刀。作为皇家御用军队和侍卫的重要兵器，仪刀往往"施龙凤环""装以金银"，极尽奢华。随着朝代的更替和战争的蹂躏，唐朝仪刀也逐渐消失了。横刀是卫府官兵佩带的主要兵器，此刀没有环手，比仪刀短，柄头由一个金属管形套在手柄上，手柄中间收腰，有穿绳孔。手绳由环部挪到刀柄中间，可有效防止刀具脱手，此工艺一直流传到明清。障刀为护身刀，用以御敌和自卫。

唐刀见证了大唐帝国的强盛，也对兵器发展产生了巨大影响。随着各国使臣的往来，仪刀流向四方，高丽、日本和吐蕃等民族，所制刀皆留有仪刀的意蕴。藏刀继承并保留了唐刀的直刃、单锋、圆弧刀尖、刀背起脊线、复合锻造等诸多特点，这些特点在日本刀上也有体现，所以唐刀是藏刀和日本刀共同的鼻祖。宋朝出现的掉刀、三尖两刃刀，也是唐代陌刀的直接继承者。仪刀和横刀在唐以后发展为佩刀，成为广泛使用的卫体刀具。

▶短藏刀

第二章

保护自己的兵器

　　卫体兵器大都轻便小巧，易于携带，不仅被用在战争场合，而且在远离战场的环境中，人们也常常佩戴，主要用于防身自卫。卫体兵器式样较多，从类型看大致有剑、匕首和暗器三类。有一些卫体兵器是个人独创，极具个性和魅力。

民族性格的剑

剑属双刃短兵器，素有"百刃之君"之称。剑最早出现在中国殷商以前，春秋战国时斗剑、佩剑之风盛行。汉代击剑更是朝野风行，不少人以剑术显名于天下。隋唐时，剑形十分精致华丽，给后世影响很大，故有"鼻剑"之称。宋代以后，击剑之风逐渐为剑舞所代替。

剑在中国古代除应用于沙场和江湖，还有多种内涵。古人根据佩剑人的年龄、地位不同，对剑的长度及装饰物有严格规定。其中尚方剑是皇权的象征，具有先斩后奏的

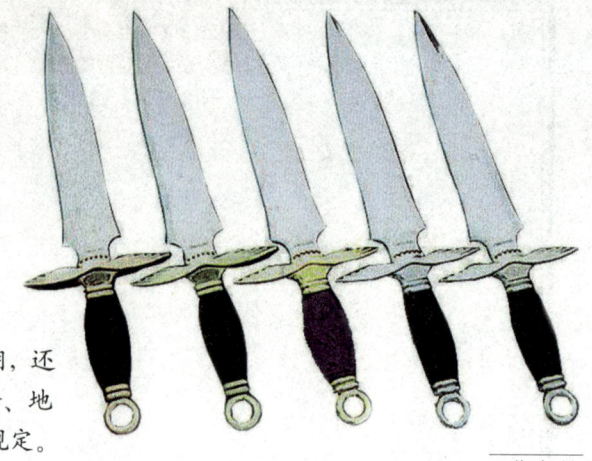

▲蒙古剑

权力。道士降妖驱魔时，桃木剑是必不可少的法器。另外，剑还被文人学士作为一种风雅佩饰，用来抒发凌云壮志或表现尚武英姿。唐代大诗人李白少年习剑，青年时期曾"仗剑去国，辞亲远游"。

中世纪的欧洲，剑是王权的标志和力量的象征。骑士佩剑被视为骑士精神的载体，神圣不可侵犯。法国国王曾明文规定，骑士如果被俘，不得用自己的剑当作赎金。哪怕失去人身自由，也不能放弃自己的剑。可见，中西方虽然文化差异很大，但在对待剑上，却有着相似的心理基础。中西方的剑形制各异，却承载着一个民族的性格。

世界名剑：刀锋上的较量

欧洲佩剑 一种直而薄的棱状双刃剑。带鞘，佩于腰带上，出现于16世纪末。在十月革命前的俄国，海军军官和海洋事务文职官吏使用这种佩剑。现为许多国家海军制服的佩带物。

蒙古剑 蒙古骑兵常用的短刃兵器。蒙古骑兵重短刃，所用剑制造轻巧，锋刃犀利。出征时，招募印度、土耳其、阿拉伯及欧洲著名工匠制造，吸收欧亚各国兵器制造工艺精华，铸造出许多举世闻名的利刃。剑刃、剑柄采用欧洲式样，剑身细长，刃部狭窄尖锐。由于能洞穿敌铁网盔甲，因此被意大利人称为透网剑。

印度古剑 有弓形剑、圆形剑和细长形剑等。剑柄由犀牛、母水牛角、象牙等制成，也有的以木头和竹子为材质。

罗马短剑 这种武器的出现与罗马军队的作战样式有关，他们在近距离接敌时，使用一人高的盾牌防护全身，排着摩肩接踵的密集阵形，单兵没有太大的回旋余地，故而使用的剑很短，主要用于刺击而不是砍削。此剑用青铜浇铸，长度一般在30～40厘米，格斗时尽量刺入对手的要害部位。

英格兰宽刃剑 中世纪欧洲军队最普遍的装备。双刃，十字形把手，长3英尺左右，

多为铁或黄铜所制。剑柄末端常有圆球，以便砍劈时保持手腕平衡。直到14世纪，锁子甲取代简易的皮甲，宽刃剑逐渐失去用武之地，退出历史舞台。

欧式刺剑 多用于刺杀，少数也用于劈砍，形状类似今天比赛用花剑。最早出现时并不是武器，而是为了检验铠甲的质量，用剑在上戳刺看能否贯穿，因而得名。后亦成为装饰品，或用于决斗。

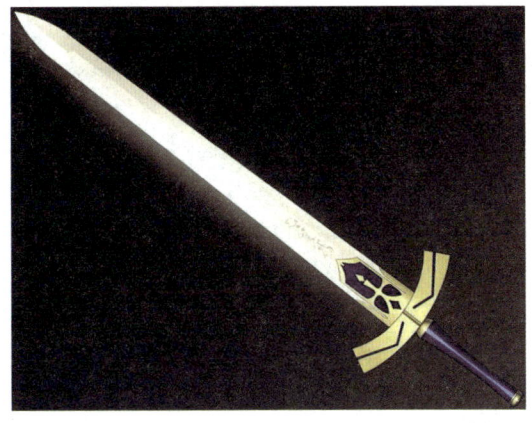

▲英格兰宽刃剑

杜兰德尔圣剑：圣骑士的光荣与梦想

罗兰是欧洲中世纪第一位被称作圣骑士的人，圣剑杜兰德尔是其佩剑。相传此剑中藏着圣母的衣角和耶稣的血与毛发，因而也被称为天使之剑。

5世纪西罗马帝国灭亡后，法兰克王国支配欧洲，后来逐渐分裂为德意志、法兰西、意大利三个王国。8世纪末，统治法兰西的查里曼大帝，其手下有12个被称为"帕拉丁"的骑士，其中以罗兰最为有名。他作战勇敢，为人正直，是法兰西时代可与亚瑟相比的骑士。

查里曼大帝远征伊斯兰控制下的西班牙，其间从后方传来撒克逊人动摇的消息，国王决定暂时休战，罗兰推荐自己的叔父噶努伦任谈判使者。由于此前已多次发生使者被杀事件，所以噶努伦对罗兰怀恨在心，暗中勾联敌人偷袭罗兰的部队。

毫不知情的罗兰率3万士兵照常撤退，遭到10万敌人埋伏，顽强的法兰西士兵杀退了敌人一次又一次的进攻。罗兰的好友提醒他可吹响号角，通知查里曼大帝后方被袭，但罗兰认为，惧怕伊斯兰军而乞求国王救援是永世的耻辱。他拒绝了好友的建议，继续奋战。对方不得已又增援20万兵力，战争的最后时刻，他吹响了号角。国王马上派出援兵，但为时已晚，罗兰已身负重伤。他不愿杜兰德尔剑落在阿拉伯人手中，于是跑到一个山丘上，用剑猛击岩石，试图将这柄圣剑毁坏。当国王到达的时候，罗兰已经身亡。国王回国后处死了叛徒，并将杜兰德尔传给像罗兰一样优秀的骑士。

◀罗兰骑士雕像

刺客钟爱的匕首

匕首是用于刺杀的最短的冷兵器。有短刀身和刀柄,刀身有直有弯,刀刃分单刃、双刃,长20~30厘米。匕首短小易藏,主要用于近战和防身,也常为刺客使用。原始社会已有石匕首和角制匕首,中国商周后改为青铜或铁制造。匕首是广为使用的冷兵器,当今一些国家的特种部队仍然装备。

单匕寸言:劫持敌首讨还国土

春秋时期鲁国将领曹沫,曾经成功地利用匕首劫持了齐桓公,讨还了被对方掠夺过去的国土。曹沫勇力过人,鲁庄公非常赏识,拜他为将。但曹沫与齐军交手三次,都是大败而归。鲁庄公忍痛献出了土地,但并没有因此罢免曹沫。

后来,齐桓公与鲁庄公在柯地会盟,曹沫手执匕首劫持了齐桓公。因人质在对方手中,齐桓公的左右不敢轻举妄动。曹沫说,齐国强大而鲁国弱小,现在大国侵犯鲁国的行为越来越严重,鲁国城墙倒塌了就能压到齐国的边境,你要仔细考虑这个问题。齐桓公无奈,答应归还侵占的鲁国领土。话一出口,曹沫就扔了匕首走回座位,面不改色,谈吐如常。齐桓公非常生气,打算违背约定。管仲劝他说,不能毁约,如果贪图小利逞一时的口舌之快,就会失信于诸侯,不如就把土地还给鲁国。于是齐桓公就把此前三次征战所得的土地,全部归还给了鲁国。

400多年后,侠客荆轲曾用匕首行刺秦王嬴政,但这次没有成功。公元前227年,荆轲受燕国太子丹之托,以进献城池为名,前往秦国刺杀嬴政。太子丹为荆轲准备了一把锋利的匕首,这把匕首用毒药煮炼过,只要刺中见血,就会气绝身亡。又选派了12岁便杀人的勇士秦舞阳,作荆轲的副手。在秦王大殿上,荆轲向秦王展示将要进献土地的地图,图穷匕见,荆轲持匕首刺杀秦王,嬴政成功躲闪,抽出长剑刺中荆轲,暗杀功败垂成。荆轲和秦舞阳皆被杀。

可见,匕首虽是近身搏杀的首选工具,但能否成功还取决于各种外围因素。

▼春秋青铜绿松石匕首

Misericord 匕首:阿金库尔战役的莫大耻辱

阿金库尔战役发生于1415年10月25日,是英法百年战争中著名的以少胜多的战役。在亨利五世的率领下,英军以步兵弓箭手为主力的军队,击溃了由大批贵族组成的法国精锐部队,为4年后征服整个诺曼底奠定了基础。这场战役与克雷西战役一样,成为英国长弓手的辉煌战例。值得一提的是,英国长弓手携带的一种名为Misericord的匕首,扮演了非常不光彩的角色——屠杀俘虏。

▼战国青铜匕首

当时,英军利用树林掩护,骑士下马部署在前方,弓箭手按照楔形分布。法军将步兵和弩手集结在中央,两个侧翼各安排1100名骑士,后卫另有9000名骑兵。两军从早上7时起对峙大约4小时后,亨利命令英军推进,弓箭手作前锋,在距法军400米左右停止,用木桩建成简易屏障。法军两侧骑兵首先发动冲击,但因战场地形狭窄,被英军的飞箭打散,少数冲锋上来的士兵也被挡在木桩外。由于战前曾下大雨,加之骑兵的踩踏,道路异常泥泞,向来不重视纪律和队形的法军更加混乱不堪。

两军正面接触后,英军采取弓箭手掩护、步兵反击的战术,有效打击了法军。虽然法军依靠人数优势一度压迫对手后退,但是恶劣的战场环境令其精疲力尽,重装盔甲成了累赘,长戟难以使用。英国轻装长弓手停止射击,使用各种短武器加入战斗,英军逐渐占据上风。短兵相接使得法国弩手无法射击,很多士兵一箭未发便退出了战斗,后卫骑兵也纷纷逃离战场。法军组织约600骑兵再次发动冲锋,但已是回天无力。

法军在这场战役中唯一的收获是袭击了英军的后卫军营,虽夺得了一些战利品,但导致了恶劣后果。亨利五世由此怀疑英军受到包围威胁,为避免意外,他下令处死了几乎所有的法国战俘。英国骑士难以接受命令,拒绝执行这种不道义的任务。但最终执行者是两百名身份低微的弓箭手,在民族感情和阶级仇视交织影响下,弓箭手们拿出随身携带的Misericord匕首,从法军骑士面罩眼缝中插进去。这些身披重甲而手无寸铁的俘虏,连反抗的机会都没有,便死于非命。绅士之间的交锋对决竟以如此下作局面收场,简直是对中世纪军事浪漫主义的莫大讽刺。

此战法军损失过万,大小贵族战死5000多人,其中包括3位公爵、5位伯爵和90位男爵,法军大元帅被俘,最终死于英国监狱。而英军的损失是一名公爵、十余名骑士和百余名长弓手。此战不仅成为英法百年战争中双方力量消长的一个阶段性转折,而且被视为整个欧洲骑士阵营的耻辱。

当年屠杀俘虏的匕首,现今民间已经难得一见,在西欧一些博

阿拉伯匕首——卫体和祭祀的双重功能

19世纪，阿拉伯匕首曾盛行于奥斯曼帝国、波斯和印度，双刃开锋且弯曲，刀柄和鞘的外形多变，鞘末呈茎球状，19世纪曾出现U形鞘。镶嵌精致，装饰物因产地不同差异明显。在阿拉伯半岛，这种匕首被视作自由的象征，不仅用于打仗，也常出现婚礼以及割礼等宗教仪式上。

物馆中，偶尔能够见其影踪。

著名的"V"形手势，据说是始于这场战争。法国骑士一向鄙视英国弓箭手的低微出身，战前宣称一旦抓住俘虏会剁去其两个手指，让他们此生不能再射箭。战斗结束后，英国弓箭手纷纷叉开双指向对方炫耀，从此这个手势便喻示成功和胜利。

现代匕首：无声杀敌的利器

冷兵器时代终结，但匕首却没有随之消失。作为一种使用方便、威力强劲的兵器，它仍然得到广泛的使用。那些习惯了抽枪瞄准的手，对这种无声的杀敌利器也不陌生。

在使用匕首的人群中，特战士兵和情报人员数量最大。在中国的影视作品里的特务，常常是戴墨镜、穿风衣、身藏窃听器，而在西方社会，人们对间谍的直观印象是头戴斗篷、腰挂匕首。可见匕首与间谍的密切程度。

军队特别是特种分队是匕首的最大用户。美国特种部队的徽记就是两支交叉的箭，中间搁一把匕首。第二次世界大战中，美军使用的军用匕首，刀柄有防滑槽，锋尖为双刃利于刺，一面刃的后半部为无锋的刀背，便于切削。美军曾将这种匕首推荐给盟国部队，颇受欢迎。朝鲜战争时期，美国飞行员使用单刃、宽血槽、厚刀背的军用匕首。到越南战争时期，美军特种部队的军用匕首在单刃基础上，刀背加开了锯齿，更具生存功能。这种匕首刃部像枪械一样经磷化处理，不仅防锈，而且不反光，可以更好地隐蔽自己。手柄为皮革制，带防滑槽，可以有效地防止海水浸蚀损坏。鞘为牛皮制，另带一细砂磨刀石。这种匕首有长短两种型号，短型为飞行员所用。虽然目前M-9多用途刺

▼军事博物馆陈列的各国刺刀

刀具备了匕首的部分功能，但它终究无法取而代之。

第二次世界大战以后，军用匕首的一个明显变化，就是其功能正由单纯刺杀向生存和格斗结合发展。匕首的形制由双刃短剑型向多用途单刃猎刀型转变，匕首成为野外生存的重要工具。外军强调刀是生存的必备，身历险境时要随时检查刀具。美军远程侦察的单兵装具要求放下背囊之后，身上必须保证有弹药、水、口粮、地图、指北针和军用匕首。美国特种部队在丛林地带实施生存训练中，要求官兵从军用匕首、指北针和水壶中任选两样，按规定时间到达地图标定的地点。匕首常常是他们的首选。

▲前苏联造的刺刀

在俄罗斯这边，比较有名的是出自高加索的坎查匕首。采用工字形刀柄，刀刃森薄锋利。沙俄征服高加索之后，俄国军官逐渐开始佩坎查匕首。曾作为黑海哥萨克军官的制式匕首，在19世纪30至40年代风行一时。

政要们常将匕首视作重要奖品，用于褒奖表现优秀的部属。曾任过黄埔军校校长的蒋介石，就以"中正剑"奖励自己的门生，鼓励他们"不成功，便成仁"。而他的部属，常常因拥有此剑而倍感荣幸。2000年车臣战争时期，俄罗斯总统普京在前线视察时，以军用匕首奖励作战有功的军官。这位曾经当过克格勃官员、预备役中校的领导人，对匕首一定是情有独钟。

瑞士军刀：起源于匕首的实用工具

瑞士军刀起源于匕首，也称瑞士刀或万用刀。这是一种含有许多工具的折叠刀，因瑞士军方为士兵配备而得名。瑞士军刀的基本工具有，平口刀、牙签、剪刀、开罐器、起子、镊子及圆珠笔等。

1890年，瑞士军方停止使用德制刀具，改由本国自制。最早的瑞士军刀产生于1891年，采用木制手柄，配有起子和开罐器两种工具。1897年，随着新弹簧的发明，瑞士军刀开始装配较多的工具。1909年，瑞士人在此刀红色握把上刻上白色十字盾牌作商标。瑞士有众多厂商生产这种多用途工具刀，但是只有维氏（Victorinox）和威戈（Wenger）的产品才被视为正宗的瑞士军刀。

今天瑞士军刀种类相当繁多，所搭配的工具组合也多有创新，如打火机、手电筒、液晶时钟、USB存贮器、MP3播放器等等。这些新物件的加盟，使得这一古老刀具焕发出浓郁的时代气息。

神秘的暗器

暗器指便于在暗中实施突袭的兵器。暗器主要由武林中人创造，它们体积小、重量轻、便于携带，而且速度快，隐蔽性强，具有较大威力。武林中讲究一对一打斗，双方距离很近，于是暗器就派上了用场。

武林中人使用的暗器可分为手掷、索击、机射、药喷四大类。手掷类暗器有飞镖、飞刺、飞蝗石等，索击类暗器有绳镖、流星锤、飞爪、软鞭等。机射类暗器有袖箭、弹弓、雷公钻等，药喷类暗器有袖炮、喷筒、鸟嘴铳等。还有一些暗器很难归入以上四类，如吹箭、手指剑、钢指环、手盔。中国武术中的暗器至清代集其大成，达于鼎盛。直到清末火器盛行以后，暗器才逐渐被冷落，至今武林中仍有人习练此技。

在千军万马厮杀的战场上，武林中的暗器很难发挥作用，所以古代军人很少练习暗器。古代中国军队也有类似暗器、用于对付骑兵的装备，最为常见的是扎马钉和绊马索。古代西方倡导骑士式的公平对决，加之弓箭手、投石手大都由穷人担任，因此对暗器并不重视。据历史学家波力比阿记载，古希腊时代战争双方经常约定，不得用暗器或投弹武器。

▲扎马钉

扎马钉与绊马索：对付骑兵的有效武器

扎马钉是古代军事战争中的一种防御性暗器。扎马钉有四个锋利的尖爪，状若荆棘，故学名蒺藜，有铜铁两种。随手一掷，三尖撑地，一尖直立向上，推倒上尖，下尖又起，始终如此，触者不能避其锋而被刺伤。在古代战争中，扎马钉多散撒在战地或险径，用以刺伤敌方马匹和士卒。

据说扎马钉为三国时蜀汉的著名政治家、军事家诸葛亮发明。当时蜀汉不产马匹，所以骑兵缺少，为了对付魏国骑兵，便发明了这个器物。马踩在上面就会负痛倒地，无法冲锋陷阵。尤其在退守和临时布防时作用非常大，在当时成为对付骑兵的杀手锏。陕西汉中汉江河、定军山、武侯坪一带，是当年魏蜀的重要战场，曾出土过扎马钉等兵器文物。进入火器甚至机械化时代后，这种简易实用的兵器也曾被使用，主要用于对付敌人的汽车轮胎。

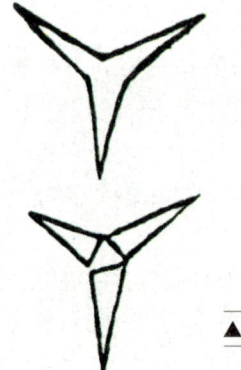
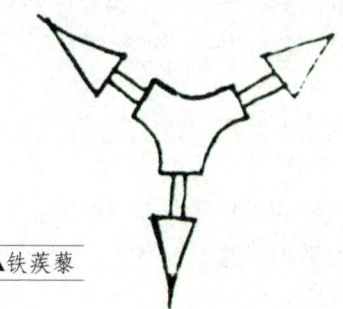

▲铁蒺藜

绊马索是利用惯性作用绊倒对方战骑的器械。在古代战争中，交战双方常使用绊马索，在敌方骑兵经过之处放置绳索，临近时突然拉起，绳子绊住马腿使骑者从马上摔下。在《三国演义》中，吴国大将陆逊曾用此物擒获了关羽。史料记载，唐代安史之乱时，大书法家颜真卿曾以绊马索对付安禄山的叛军。

颜真卿具有见微知著的政治敏感，在任平原（今山东平原）太守时，他洞悉安禄山有谋反意图，便高筑城，深挖沟，收揽丁壮，积储粮草，加以防范。平原郡本属安禄山辖区，安禄山派人密探暗察，却见其每日与宾客泛舟饮酒。安禄山以为颜真卿是一介书生，不再猜疑。

▲绊马索

天宝十四年（755年），安禄山发动叛乱。颜真卿起兵抵抗，附近十七郡响应，颜被推为盟主，合兵二十万，横绝燕赵，军威大震。安禄山腹背受敌，因而不敢急攻潼关。次年，颜真卿指挥平原、清河、博平三郡之师，灵活运用多种战法大战反贼，斩敌首万级，生擒一千余，声威益震。

弹弓：最为常见的暗器

弹弓是一种最常见的暗器，弓杆以竹或木制，内衬牛角，外附牛筋。弓弦用丝、鹿脊筋丝、人发杂丝制成。用于发射的弹丸有泥丸、磨制石丸、金属丸等。清代咸丰年间，有一个名叫李亦畲的拳师，曾写过一部名为《弹弓谱》的书，概括了弹弓的练法：未开弓先看拿手，未搭弹先看扣手，未开弓先看拉手，未定式先看入手，开圆弓先看后手，打完弹先看前手。发射弹丸有很多架式，比如单凤朝阳式、野马上槽式、天鹅下蛋式、滴水垂崖式、拨草寻蛇式、双飞雁式、怀中抱月式等。

当今把弹弓作为一门武艺来练习的人极少，倒是儿童们以铁丝作架，橡筋为弦，把它变成了一件玩具。一些对弹弓情有独钟的人还建立了专门网站，探讨交流弹弓的种类和技艺，比较有名是渔猎中国（http：//www.yeb.cn）和中国弹弓论坛（http：//www.chinaslingshots.com）。

◀木制弹弓

第三章

抛射兵器

　　抛射兵器是依靠物体惯性，在空中独立飞行一段距离后杀伤敌人的冷兵器。它利用臂力、重力、弹力等外部力量，投掷弹丸等器物以杀伤敌人，摧毁防御工事。它起源于原始社会用于狩猎的石块、木棒，后出现了将树枝弯曲用绳索绷紧的弓。随着劳动和战争实践的发展，出现了金属手抛兵器和较为复杂的抛掷、弹射器械。射击武器出现后，抛射兵器作用逐渐下降，现已成为狩猎、体育和特种用具。

　　抛射兵器种类繁多，按赋予飞行动力的形式可划分为手抛兵器、抛掷器械和弹射器械。常用的有标枪、投掷弹、狼牙锤、飞镖、弓弩、投矛器和投石机。

精确打击

标枪是一种带镞的短投掷梭标,又称"投枪""梭枪""镶枪""投矛""短矛"。中国在原始社会已有标枪,在石器时代晚期为狩猎武器,但到宋代才成为军队常规武器。元朝蒙古军善用标枪,其杆短尖利,有四角形、三角形、圆形数种,多数两端有刃,既可以马上刺敌,又可抛掷杀敌。明代军队中有一种两头带刃的标枪,两头尖,中间粗,有如长箭,两端都可以刺人,便于投掷。清代的标枪多用木竹为柄上加铁镞,样式与明朝相似。

▲投掷斧

标枪在古希腊和古罗马军队中都曾装备过,一直流传至中世纪。为使标枪投掷得更远,有的标枪上装有皮带环,以便投掷者发力。公元前1世纪,出现了加固标枪,既可投掷,又可作长枪。澳大利亚、阿留申群岛等地的一些部落,不知晓、不习惯使用弓箭,更是将标枪作为基本的投掷武器。

罗马方阵重投枪:防范敌人反戈一击

在我们熟知的现代战争武器中,有一种叫打了不用管的导弹,只要发射出去,就会自动完成对目标的甄别、跟踪和打击任务。在标枪等投掷武器被广泛使用的年代里,人们的担心要大得多,因为这些武器投向敌方后,很可能被对手拣拾起来反戈一击。

这种先天不足在北欧原住族和印第安人曾经使用的投掷斧中,表现得非常充分。投掷斧既可手执当作短斧使用,也可投掷作抛射武器。它短而轻,重心设计得非常精细,可以保证投掷后以柄的中点旋转,精确砍向目标。原住族人很喜欢这种武器,有时一人要携带好几把。在黑暗时代原住族还没有发展出骑士制度之前,穿上重装甲的蛮族士兵,作战方式很像罗马人。原住族的第一波次攻击是投掷斧,斧刃砍到盾牌上,差不多能把盾牌废掉,但敌人若想把投掷斧"送还"回来,也是轻而易举的事情。投掷斧不仅应用于作战,有时还会像弓马骑射一样,被作为一项竞赛项目。

罗马方阵的重投枪,则有效避免了这种弊端。罗马重投枪可说是罗马的民族兵器,因为除了罗马人,投枪从未被视为战场上的主力兵器。罗马重投枪是在公元前4世纪第三次萨姆尼乌姆战争时,罗马人从萨姆尼乌姆人那里学来的。投枪长1.5~2米,重4~5千克,可投掷约30米。开始罗马人只安排军团阵列的2/3士兵使用这种武器,而到了公元前2世纪末,开始装

▼罗马标枪

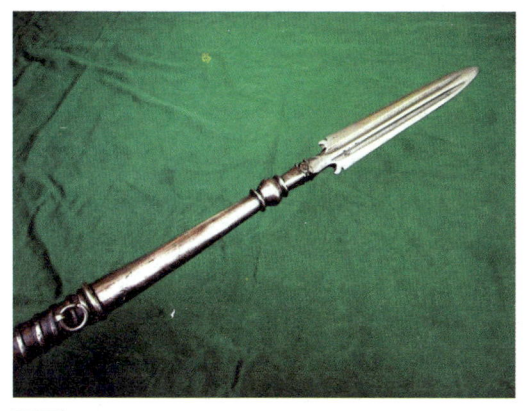
▲矛

备所有重装步兵。

在两军互相冲锋的时候,罗马军团的第一波攻击就是抛射投枪,沉重的铁尖足以刺穿敌手的盾牌和铠甲。为了使投掷出去的长枪不被敌人用来反击,罗马人在枪尖和枪杆上作了改进。他们将枪尖打造得更为细长,贯穿盾牌后就会弯曲。枪杆用木杆制作,遇到重力撞击后会断裂。由于有了投枪的首轮攻击,罗马人在紧随其后的剑斗中就能占有很大优势。

随着罗马军团腐朽没落,方阵战术不复存在,重投枪便消失在历史的烟尘中。现代人在一些影视作品中,依稀可见它的身影。

飞去来器:从武器演变到玩具

飞去来器又名回旋镖、自归器,它有一定长度、角度和形状的薄片或曲棒,抛出后飞速旋转,利用空气动力原理呈曲线击向敌人,如击不中目标可借助自身的回旋力飞回来,是原始人的行猎工具。

古代埃及人曾把飞去来器作为兵器使用。埃及地处亚非枢纽,是世界上较早开展对外贸易的国家之一。在古王国时代,埃及便与努比亚、黎巴嫩等国开展边境贸易,飞去来器和木材、树脂、象牙、豹皮一起,是埃及的主要进口物资。

埃及的飞去来器,有圆形和S形,宽而扁平,带有锋利的边,有助于减少空气阻力并重创对手。飞去来器的射程为150～180米,其命中精度在30米之外便开始逐步降低。一般来说,埃及军队在作战时,在与敌人相距180米时就开始远距离作战。

飞去来器在古代澳洲也比较常见,形状有"V"字形、"十"字形、三叶形、香蕉形、钟形、多叶形等。其中,"V"字形和香蕉形的飞去来器曾是澳洲土著人的传统狩猎工具。2000年悉尼奥运会的会徽就是根据飞去来器绘制而成,3支土著人狩猎用的飞去来器组成举着火炬奔跑的运动员形象。浓郁的地域特点及厚重的文化底蕴使这一会徽十分耐看,澳洲人将本土多民族文化交融的特点发挥得恰到好处。

现在飞去来器已成澳洲人的宠儿,人们把它当作健身运动和比赛项目,这项运动也风行欧美,在德国北部每年都举行世界性的飞去来器锦标赛,成为一种集健身和娱乐为一体的户外运动。

▶飞去来器

▼悉尼奥运会会徽

在弓弦上跃动

弓是抛射兵器中最古老的一种弹射武器。它由富有弹性的弓臂和柔韧的弓弦构成,当把拉弦张弓过程中积聚的力量在瞬间释放时,便可将扣在弓弦上的箭或弹丸射向远处的目标。弓起源很早,在我国山西朔县峙峪文化遗址中,考古工作者发现了距今约3万年的石镞,这表明当时先民已经开始使用弓箭。

弓可分为"直弓"和"弯弓"两大类。"直弓"是将一根笔直的木条或竹片安上弦;"弯弓"是把已经有很大弯曲度的弧形材料再按相反方向弯曲并装弦,使它更富有弹性。此外根据制作方法,弓又可分为"单体弓""强化弓""合成弓"三种。"单体弓"指单纯把一种弓体材料弯曲安弦而制成的弓。"强化弓"则用绳类将弓体缠绕加固,增加弓的弹力。

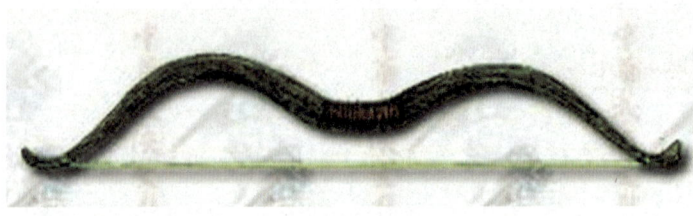

▲强化弓 ▼单体弓

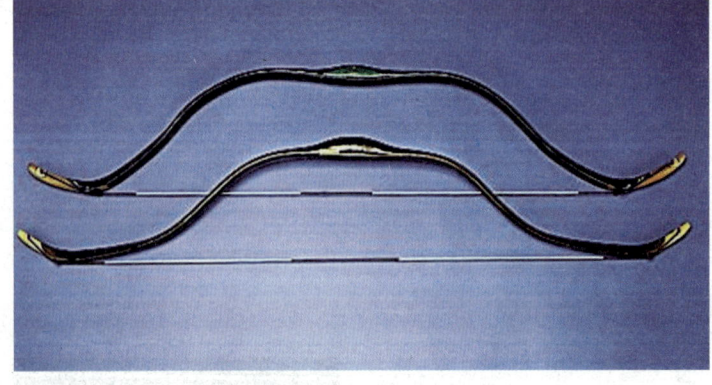

"合成弓"用动物的角、骨及竹子等合制而成,这种弓弹力足,威力大,射程远,但制作比较复杂。另外,弓还有大小长短之分,通常使用的大弓与成人身长相等,短弓的长度则不一而足。我国古代北方游牧民族多用短弓,而东南地区的少数民族则多用长弓。古代中原人常把游牧民族称为"蛮夷",而"夷"字分解开来便是"大"和"弓"。

日本弓长度可达2米,可谓世界上最大的弓,这种弓射程为30多米,但精确度极高。明清时期,倭寇常携此弓进入中国沿海地区,中国士兵经常受到这种弓的攻击。英国长弓兵是一个传奇的兵种,他们使用的弓叫作英格兰长弓。英国长弓兵的战术是大方阵集团射击,用箭雨覆盖敌军,在英法战争中多次成功抵御法国重装骑兵的攻击。

马拉松之战:波斯弓箭与希腊长矛的较量

这场战争不仅成为一项奥运会比赛项目的渊源,也说明了两军对垒兵器性能发挥程度胜于投入兵力。

古希腊重武装步兵出现于青铜和铁器交替的荷马时代,叱咤风云一千多年。从伯罗奔尼撒战争开始,长枪和短剑便成为希腊人的主要进攻武器。长枪由铁尖、木杆、青铜尾构成,称为木杆长枪,全长2~2.5米。短剑由铁制成,剑身笔直或呈弧形,肉搏时使用。士兵防护装具有金属头盔、胸甲和胫甲，总重量约30千克。一个重装步兵身边常跟着一个或数个奴隶，负责背运武器和后方安全。

公元前490年8月12日黎明，波斯军队乘风破浪穿越爱琴海，向马拉松平原上的希腊军队挺进，载入史册的马拉松之战就此揭开战幕。

波斯军队头戴毡帽，身穿缀有铁鳞甲的战袍，主要兵器是弓箭，另配备短矛等兵器，总数约两万人。而希腊军队兵力只及波斯军队的1/3，主力是重装步兵，他们头戴鸡冠状顶饰的头盔，身穿胸甲，腿套胫甲，腰佩短剑，左手持青铜面圆木盾牌，右手持2米多长的长枪。

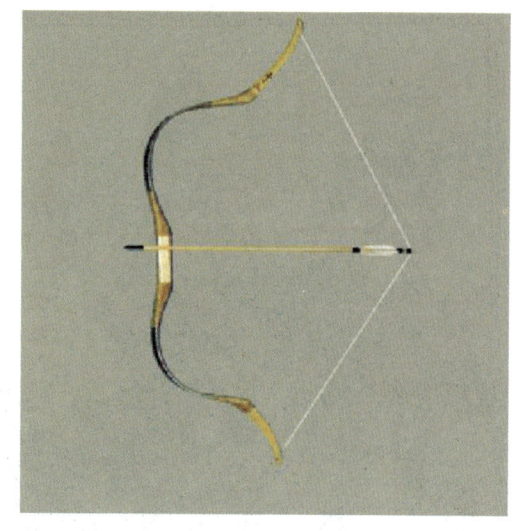
▲合成弓

当波斯军队入侵到距希腊军队只有一百来米时，希腊军队从波斯军队两翼出击，先击溃其外国雇佣军队，随即从侧面杀进去，将波斯军队打得落花流水，尸横遍野，希腊人获得了全胜。波斯军队约6400人战死，而希腊人仅损失192人。波斯军队固然有兵力上的优势，但弓箭一旦与长矛处于相较量的境地，便决定了这场战争的结局并不出乎意料。

克雷西战役：英国长弓一举成名

13世纪，长弓在英国迅速普及，它加速了当时作为优势兵种的骑兵的衰落。从爱德华一世到亨利八世，英国君主无不果断地大力发展弓箭部队。长弓不怕雨水，只比旧式滑膛火枪的射程稍近一点，而且可以穿透一英寸厚的木板，甚至可以穿透胸甲。在射速上，长弓也比火枪更具优势，火枪每装填发一次的时间，长弓可以用来发射六次。这种长弓对付骑兵特别有效，箭矢不仅能穿透重装骑兵的盔甲，而且能够射伤射死马匹，骑士一旦从马上摔下来，战斗力便丧失。弓箭手或分或合，战法不拘。长弓威力强大和使用灵活的特点，直接淘汰了十字弓。直到16世纪末，伊丽莎白女王还企图重新将它列为战斗武器。

发生于1346年的英法克雷西战役，是英国长弓威力的一次集中展示，为英军战败法军立下汗马功劳。这年七八月份，为了支援在法国东北部佛兰德等地被围困的盟军，英王爱德华三世率军队渡过英吉利海峡，抵达法

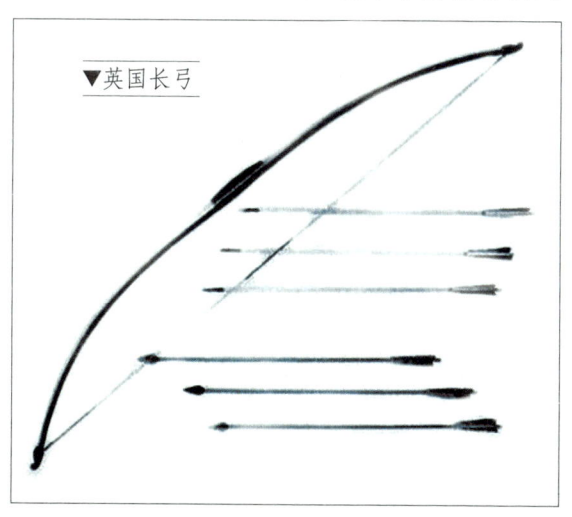
▼英国长弓

▲克雷西之战

国北岸。法王菲利普六世率领军队，紧紧追赶英军。当时法军有12万名重骑兵、17万名轻骑兵、6000名热那亚雇佣十字弓兵，以及25万名征募步兵，而英军只有对方1/3左右的兵力。

英军在法军追击的必经之路克雷西附近设伏。8月26日下午6时左右，法军未经任何侦察和警戒，贸然进入英军的作战阵地，排成了长长的一路纵队前进。法军在离英军150米之处停下来，十字弓兵向对方射箭，但大多没有命中目标，继续向前移动时，英军的长箭铺天盖地飞来，法军溃不成军。法军骑兵不顾弓箭兵的死活，策马向前，踏着意大利人的身体发动冲锋。这种自杀式的突击反复进行了十五六次，整支部队七零八落、疲惫不堪，最后只好倒旗认输。不长的山谷里布满了法军的尸体，其中有1542位勋爵与骑士，15万名重骑兵、十字弓兵和步兵。而英军仅有两名骑士、40名重骑兵和弓箭手、100名左右的威尔士步兵死亡，伤亡总数仅200人。

值得一提的是，在这场英法百年战争初期的著名战役中，以长弓为主要武器的英国人已经开始使用一种轻型火炮。根据史料记载，英军总共使用了3门小炮，它们只能发射2磅重的实心炮弹。法国人从英国火炮中产生灵感，到15世纪中叶，法国军队不仅包括长矛兵和弓箭手，还有了火枪兵的加盟，欧洲军队的兵种成分开始改变。

此役发生18年后，中国明朝开国皇帝朱元璋在鄱阳湖和陈友谅决战。使用的"火铳"与英军克雷西战役中的"火炮"差不多处于同一水平，而朱元璋部使用的数量和规模显然要大得多。

文永之役：忽必烈功亏一篑

文永战役发生在蒙古和日本之间，这是蒙古人在东亚第一次遇到了装备训练和勇气都不逊于自己的对手。

忽必烈任蒙古大汗后，多次派使者赴日本，要求其称臣纳贡，但日本人根本不把蒙古人放在眼里，予以拒绝。蒙古军团曾横扫欧亚，一个小小日本也敢放肆？蒙古大汗不能容忍，于是决定武力攻日。

1274年，进攻日本的远征军由朝鲜扬帆出海，驶往九州岛，远征军共两万五千人，其中蒙古人和高丽人各占一半，还有部分女真人和少量汉人。远征军的统帅为蒙古人忽敦，两位副统帅为高丽人洪茶丘和汉人刘复亨。元军航行至博多湾，首先攻占了对马岛和壹歧岛，然后分三处在九州登陆攻入内陆。三路入侵军队中，一路为主力，两路为策应，主力部队的登陆地点大约在长崎附近。

面对第一次蒙古来袭，日本镰仓幕府调集部分正规军迎战，九州沿海各藩也紧急组织武士和民兵参战。高丽人主要负责步兵近战，蒙古人使用弓马远距攻击。在高丽人看来，日本刀能够削断敌人兵器，威力远胜于蒙古刀；日本人的弓箭虽然外形宽大，但射程很短，不能跟蒙古角弓相比。

这种各有优劣的态势，决定了双方皆面临着一场恶战。两军激战20多天，日本人战术较为落后，在开始的战斗中蒙受巨大伤亡，但仍然阻止了元军的推进。相持几天后，日本人渐渐适应了蒙古人的战术，开始反击。武士组成的日本重骑兵队在弓箭手的支援下，冒着箭雨列阵冲击蒙军，与敌军贴身近战，使蒙古人的弓箭优势失效。刘复亨在激战中阵亡，元军折损大半，后退回海滩。由于箭和给养都即将用尽，元军无力继续守住阵地，只得上船撤退。在返回朝鲜的路上，舰队遭风暴袭击，遭受了一些损失，大部分船只安全回国。

7年后忽必烈组织第二次远征，一支从朝鲜东渡对马海峡，一支从宁波浮海北进，本想合围夹击，不料在日本鹰岛遇到飓风，许多战船毁坏，不少将卒淹死。偏又遭受日军的埋伏，一通厮杀后，蒙古人几乎全军覆没。

◀ 忽必烈

流矢暗箭

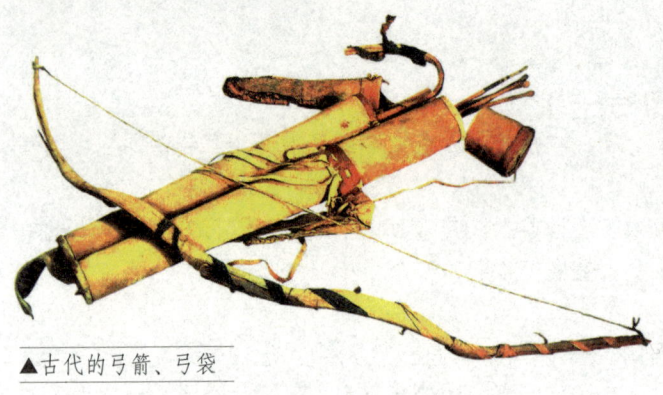

▲古代的弓箭、弓袋

人常说，明枪易躲，暗箭难防。在古代的城池攻防中，弓箭是最为常用的兵器。守方常利用弓箭对攻方实施两种反击：一种是万箭齐发，以密集的箭雨，大面积压制敌人；另一种是伺机出击，以偷袭的方式，对付少量或者单一目标。相对来说，第一种办法比较常见，也易于部署。而后一种斩首式的暗中袭击，却要具有相当的韬略，而且不易得手。但是如果一旦引诱成功，往往有惊人的战绩。

虞诩守赤亭：将敌人诱骗至弓箭射程内

东汉元初二年(115)，西羌进攻武都(今甘肃成县西)。朝廷任命才略过人的虞诩任武都太守，虞诩率三千兵马前往武都。羌军派出几千人的军队，在崤谷凭险设防，想在这里歼灭汉军。虞诩带领部队来到崤谷附近，发现这里地势险要，易守难攻，心想羌军一定会在这里设下重兵，利用有利地势阻挡我军前进。他立即派兵侦察，果然发现羌军已布置伏兵，并占据了有利地势。虞诩以谎称援军将至、成倍增加锅灶、日行军二百里的办法，成功蒙骗了敌人，兵不血刃地突围。虞诩至武都时，被数万羌众围于赤亭(今甘肃成县西南)。面对敌军的进攻，虞诩令士兵改用射程短的小弓射击。羌军见对手的弓箭射不到自己跟前，一窝蜂发起进攻。当羌兵冲到城下时，虞诩命令强弩手分成二十人一组，共同瞄准一个敌人射击，箭箭命中，无一虚发。羌人大震，赶快向后撤。汉军出城反击，多有杀伤。

虞诩在兵少势孤的情况下，不断虚张声势迷惑敌军，取得对数万羌军作战的胜利，是中国战争史上灵活用兵、以少胜多的典型战例。特别是在弓箭射程上以强示弱，成功将敌人诱骗至近处射杀，更是对兵行诡道的极好诠释。

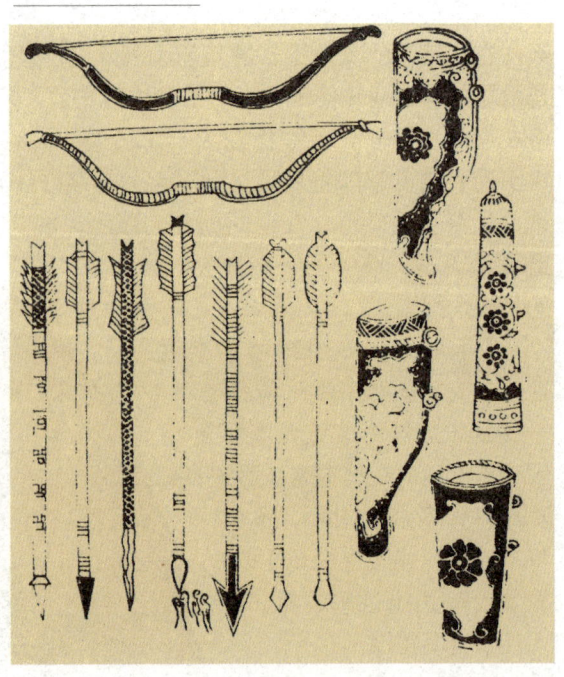

▼宋代各种弓与箭

上帝折鞭：蒙哥大汗殒命流矢中

蒙哥是成吉思汗的孙子，蒙古第三代大汗。他率领铁骑军横扫欧亚大陆，势如狂飙，锐不可当，蒙哥因此有"上帝之鞭"之称。

1257年，蒙哥汗发动大规模的灭宋战争。他命忽必烈等将领率军攻武昌、两淮、云南、广西等地作策应，自己亲率蒙军主力攻四川，意欲发挥蒙古骑兵长于陆地野战的优势，通过四川顺江东下，与诸路会师，直捣宋都临安。

1258年秋，蒙哥率4万军队分三道入蜀，加上蜀中蒙军及从各地征调来的部队，蒙军在数量上占有绝对优势。他们相继占据剑门苦竹隘、长宁山城、蓬州运山城、阆州大获城、广安大良城，逼近合州。正当他立志灭亡南宋、一统中原的时候，谁知从西北进军的部队，却在巴蜀受阻，且损兵折将。大怒中的蒙哥御驾亲征，率4万精骑兵临钓鱼城下。

钓鱼城坐落在今重庆合川城东5公里的钓鱼山上，其山突兀耸立，相对高

▲中世纪蒙古骑兵

度约300米。山下嘉陵江、渠江、涪江三江汇流，南、北、西三面环水，地势十分险要。这里有山水之险，也有交通之便，经水路及陆上道，可通达四川各地。钓鱼城扼江据险，城垣环绕，墙垛坚实。城内有大片田地和四季不绝的丰富水源，周围山麓也有许多可耕田地，这一切使钓鱼城具备了长期坚守的必要条件，成为兵精食足的坚固堡垒。

蒙古军强攻4个月，竟攻不破钓鱼城的一个角落。于是总元帅汪田哥在钓鱼城前筑台造楼，高竖旗杆，亲自爬上旗杆窥探城内虚实。可是就在这时，王坚下令开炮，汪田哥被当场击毙。转眼间又过了几个月，恼羞成怒的蒙哥亲自指挥攻打钓鱼城的两道城门。在众炮轰鸣、万箭齐发中，蒙哥中箭，只好下令撤兵，退守到温泉寺治伤。却不料伤势严重，无以为救，于同年8月，死在一座庙宇中。

其时，蒙哥汗的弟弟旭烈兀在第三次西征的征途上，已先后攻占今伊朗、伊拉克及叙利亚等阿拉伯半岛大片土地。正当旭烈兀准备向埃及进军时，获悉蒙哥死讯，旭烈兀留下部将怯的不花及两万军队继续征战，自己率大军东还。由于寡不敌众，加之与十字军交恶，怯的不花被埃及军队打败。蒙军始终未能打进非洲，蒙古的大规模扩张行动从此走向低潮。因此说，钓鱼城之战在世界史上也有重要意义。中国人民革命军事博物馆古代战争馆中，建有钓鱼城古战场的沙盘模型，可见其在战争史上的重要地位。

弓箭手传奇

古代中国非常重视弓马骑射,许多王朝将射箭技艺作为武科的必考项目。一些王侯将相,比如李广、熊渠、陈音、黄忠、李世民、成吉思汗,都是弯弓射箭的高手。在这种环境氛围影响下,古代中国产生了许多介绍神箭手的传说,后羿射日的故事我们至今耳熟能详,而一箭双雕、左右开弓、百步穿杨等成语,更是被人们经常使用。文学作品自有夸大溢美之处,但据此仍可以窥见古人精湛的射箭技艺。

蹶张士——汉代步兵精锐

所谓蹶张,就是用脚踏着强弩蹶着身体能够使弩张开。汉代称步兵为材官,蹶张士从材力武猛的材官中选拔,所以蹶张士也称为材官蹶张。蹶张士是步兵中的精锐,弩兵部队也被视为兵步中的精华。

弯弓对射:公平又残忍的较量

中国古代有位神箭手叫飞卫,传说他刚一拉满弓,鸟兽自己就倒下来。飞卫后来收了一个叫纪昌的人作徒弟。飞卫对纪昌说,你先要学会盯住一个目标不眨眼,然后才谈得上学射箭。纪昌回去后就躺在他妻子的织机下边,紧盯着密排的锥刺。坚持了两年以后,就算锥子碰到睫毛,他的眼睛也不会眨一下。纪昌又去找飞卫,飞卫说,这样还不够,你还要学会用眼睛去看东西的技巧。要练得能把小东西看大,然后再来告诉我。纪昌回家后,在南窗下用马尾毛挂一只虱子,每天注视。三年后,虱子在纪昌眼里已经大如车轮。纪昌用箭射向虱子,箭射到了虱子,而马尾毛却没有断。纪昌赶快去告诉飞卫。飞卫告

▼秦兵马俑坑出土的铜镞

诉他，你已经把射箭的功夫学会了！

身怀绝技的纪昌，觉得天下只有飞卫能和自己匹敌，于是谋划除掉飞卫。有一天，两个人在野外相遇。纪昌和飞卫互相朝对方射箭，每支箭都在空中相撞，掉到地上。飞卫的箭射完了，而纪昌还剩最后一支。纪昌将箭射了出去，飞卫举起身边的棘刺，将箭成功拦截。两个人扔了弓相拥而泣，发誓不再将这种杀人技术传授给别人。

诛敌安邦：养由基德艺双全

养由基是春秋时代楚国名将。他自小就很会射箭，双手能接四方箭，两臂能开千斤弓，被称为神箭手。成语"百步穿杨"的典故就源自于他。

▶ 春秋各式青铜镞

楚庄王时，令尹（宰相）斗樾椒造反，满朝文武惊恐万分。庄王出榜招贤，谁能把斗樾椒打败，谁就坐他那个位子。养由基向来不满权奸当道、埋没人才的局面，现在国家有难，自己应该效力，并且要为民除害，于是他挺身而出。庄王见他英气勃勃，像个将才，便当面考他。庄王叫他射一只蜻蜓，但不能射死。他便射掉了一片翅翼。庄王满心欢喜，接着又让他射白猿。养由基箭搭上弓，还未拉开，那白猿就抱着树身惊恐、绝望地哀叫。养由基拉开弓，一箭射去，就把白猿射了下来。而在此前，没有一个射箭手能射中此猿。

庄王十分满意，派养由基去和斗樾椒决一死战。养由基来到清河桥头（今荆门城西），两人立在桥两边。养由基知道对手箭术高超，但提出两人比箭，以三支为限决出输赢。斗樾椒根本没把养由基放在眼里，嘲笑养由基不识好歹。养由基通告了自己的姓名，斗樾椒一听是个无名小卒，更是哈哈大笑。养由基提出让斗樾椒先射三箭。斗樾椒张弓搭箭，嗖的一声直射养由基面门。养由基右手一伸，就把箭接住了。接着飞来第二箭，养由基伸左手又接住了。斗樾椒暗自吃惊，喊道：有本事的不用手接。养由基耐着性子答应了。斗樾椒使出平生臂力拉满弓，一箭直向养由基咽喉射来。他不慌不忙，略一低头，衔住了第三支箭。轮到养由基动手了，斗樾椒脸色刷白，左闪右躲，惶恐万状。养由基不觉好笑，一箭正中对方咽喉。从此楚国人称养由基为"养一箭"。

楚庄王平定了斗氏之乱，要兑现承诺封养由基做令尹。可是养由基不愿做官，将职位荐让给贤明正直的孙叔敖。鲁成公十年（公元前581年），楚、晋两国在鄢陵交战，晋国大将魏锜暗箭射中楚共王的眼睛。共王愤恨难消，召见养由基，赐给他两支箭，要他用这两支箭为自己报仇。养由基放马前往，与魏锜会战，不上几个回合，一箭射去，正好射中魏锜的颈部，结果了魏锜的性命。养由基把另一支箭带回来，交还给共王。

▲春秋第一神箭手养由基

龙城飞将：引弓射入石棱

西汉时期大将李广，因为善于骑射而出名。一次西征途中，一名由汉景帝派来督战的宦官，带着几十名卫兵出去打猎，路上遇到了3名匈奴骑兵。匈奴射杀了卫兵，还射伤了宦官。宦官逃回大营将这件事情告诉李广。李广判断这三人是匈奴军中的射雕手，立刻带着几百名骑兵追赶，亲自射杀了其中两人。这时匈奴大军赶到，李广带着士兵走到离匈奴阵地不到两里远的地方。一名匈奴将领骑马出来巡视，李广飞身上马，一箭把其射死，自己从容回归本阵，下马解鞍，并令士兵睡到地上。匈奴兵认为这是汉军的诱兵之计，没敢追击，李广安全地回到了大营。

汉武帝即位以后，有一年李广率军出雁门关，被成倍的匈奴大军包围。匈奴单于仰慕李广的威名，命令部下一定要生擒李广。李广寡不敌众被俘，匈奴兵做了一个网子挂在两匹马中间，让李广躺在里面。李广假装昏迷迷惑敌人，瞅准时机突然跃起，将一名匈奴兵推到地上，骑上马拿起一副弓箭转身就跑。匈奴兵连忙追赶，李广一边骑马一边射箭，最后终于回到了大营。李广在匈奴军中赢得了"飞将军"称号。

公元前121年，李广的4千骑兵被匈奴左贤王的4万骑兵包围，汉军死伤过半，箭也快用完了。李广用一把称作

◀飞将军李广

"大黄弓"的强弓连续射杀匈奴数名大将。匈奴兵大为震撼,再也不敢进攻。

关于李广箭术高超的故事,有时到了神乎其神的地步。传说有一次他外出打猎,看到草丛中藏着一只猛虎,大惊之下赶忙弯弓射去,正中虎身。等走近了仔细一看,原来不是老虎,而是一块大石头,那支箭居然深深地插入石头中。李广大为惊讶,等他再去射石头,却怎么也射不进去了。唐代边塞诗人卢纶根据这个传说,写出了脍炙人口的《塞下曲》:林暗草惊风,将军夜引弓。平明寻白羽,没在石棱中。

草船借箭:诸葛亮无法完成的任务

《三国演义》中的诸葛亮,是智慧的化身、忠贞的代表,作者罗贯中为了突出他的品德和功业,往往夸大其词,将其描写成半人半神的超人。其中草船借箭那个情节,几乎是家喻户晓。

事实上,如果从兵器的角度来看,诸葛亮不可能完成这个任务。小说中说,每船各做草束千余个,那么20只船就需要草束2万个,以每个10斤算,需草料20万斤以上,这些草束从何而来?即便是鲁肃暗中帮忙,周瑜又怎能一无所知?书中说千余草束分立两边,每边500个,按每个直径半尺计算,500个应有25丈,三国之后的隋唐大龙舟长不过20丈,三国时期何以有这样的大船,而且居然是"轻快船"?

据史料记载,草船借箭的真实情况是这样的:建安十八年(公元213年)正月,曹操与孙权对垒濡须(今安徽巢县西)。初次交战,曹军大败,于是坚守不出。一天孙权利用水面薄雾作掩护,乘轻舟从濡须口抵近曹军前沿观察。孙权的轻舟行进五六里,并且鼓乐齐鸣,生性多疑的曹操见对方整肃威武,恐怕有诈,不敢出战,喟然叹曰:生子当如孙仲谋,若刘景升儿子,豚犬耳!随后,曹操下令弓弩齐发,射击吴船。孙权的轻舟因一侧中箭太多,船身倾斜,有翻沉的危险。孙权下令调转船头,使另一侧再受箭。一会,箭均船平,孙军安全返航。

▶草船借箭

对天射箭——征服者的特殊战法

诺曼底公国地处法国西北部,由诺曼首长于911年建立。威廉是诺曼底公国第7位公爵,他对英格兰的征服被称为"诺曼征服",本人也被称为"征服者"。1066年,英法军队在英国东南部的哈斯丁斯展开角逐。威廉军队以骑兵和弓箭手为主,所用弓由紫杉木制成,长约1.5米。在战斗中,威廉命令士兵冲天放箭。原来,这时英军已经装备了坚硬的盾牌,敌方的箭矢不能穿透。箭从天而降,可以避开盾牌,出其不意地射中敌人头部和上肢,这种古怪战法取得了很好的效果。

似弓似炮的弩

弩是利用机械力量的弹射器。弩由弓发展而来,把强弓固定在带有箭槽和发射装置的木条或金属杠上,弓弦张开后,由发射装置固定住,箭放槽中,弓弦接箭尾。发射时开动发射装置,箭沿着箭槽射出。有的弩还可以发射石弹、镞弹等,因此弩又可以分为箭锋和弹弩。

弩与弓的根本区别在于弩具有延时功能,不须引弓的同时瞄准。并且可以利用足、腰、机械等多种方式引弓,使弓弦具备手拉不能达到的张力,因而射程远,准确性高,穿透性强。弩的发射速度逊于弓,而且比弓笨重,机动作战时障碍较多。

中国战国和西方古希腊时代,已经出现了弩。以后传及几乎所有主要军事国家,并沿用多年。弩的质量和种类也不断发展,出现了连射弩、自射弩、火箭等种类。近现代射击火器出现后,弩渐被淘汰。

劲弩趋发:孙膑用谋力克庞涓

孙膑是兵圣孙武的后代,出生于战国时期的齐国。他曾拜兵学家鬼谷子为师,与魏国大将庞涓是同窗好友。但庞涓做了魏国大将后,十分嫉妒孙膑的才能,将他骗到魏国施以膑刑,欲使其永远不能领兵打仗。后孙膑装疯卖傻,千方百计逃出回齐国,并被齐威王重用。在其所著《孙膑兵法》中,他称弩"发于肩膺之间,杀人百步之外",并创立一种叫"劲弩趋发"的阵法,说明弩在当时实战中地位非同一般。在著名的马陵之战中,孙膑以万弩俱发的突击攻势,战胜了狂妄而轻敌的庞涓。

公元前341年,魏惠王派庞涓联合赵国引兵伐韩,包围了韩都新郑(今河南新郑),韩昭侯向齐国求救。齐国以田忌等人为将,孙膑为军师,率军经曲阜、定陶进入魏国境内。庞涓闻讯,忙弃韩而回。魏国非常气愤,以庞涓为将,举倾国之兵要与齐军决一死战。

孙膑见魏军来势凶猛,且敌我力量众寡悬殊,决定采用欲擒故纵之计,诱庞涓上钩。他命令军队向马陵(今山东省莘县)方向撤退,并要求兵士第一天挖10万个做饭的灶坑,第二天减为5万个,第三天再减为3万个。庞涓大喜,认为齐军撤退3天,兵士就已逃亡过半,便亲率精锐之师兼程追赶,天黑时赶到马陵。庞涓命兵士点火把照路,火光下,只见一棵剥去树皮的大树上,写有"庞涓死于此树之下"8个大字。庞涓刚要下令撤退,齐军伏兵万箭齐发,魏军阵容大乱,死伤无数。庞涓自知厄运难逃,大叫一声:"一着不慎,遂使竖子成名!"拔剑自刎。齐军乘胜追击,正遇魏国太子申率后军赶到,一阵冲杀,魏军兵败如山倒。齐军生擒太子申,大获全胜。

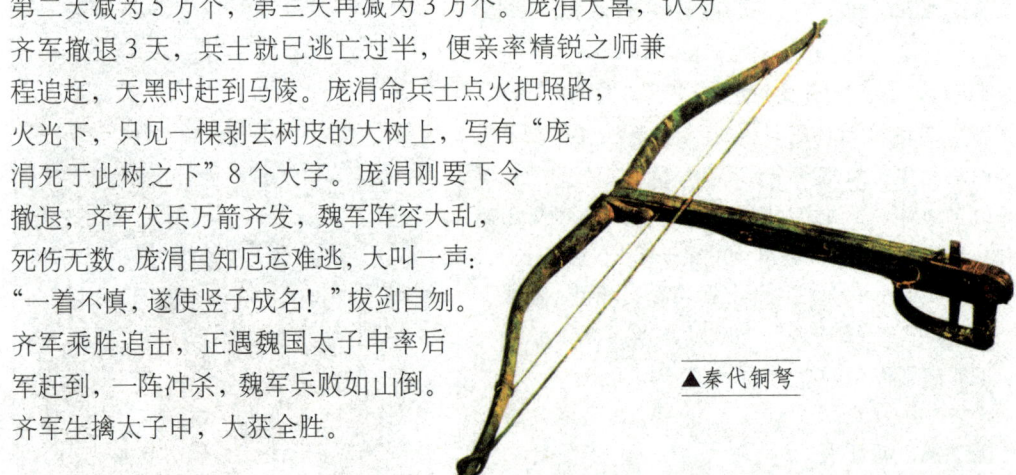

▲秦代铜弩

汉军弩手：重围中拼死搏杀

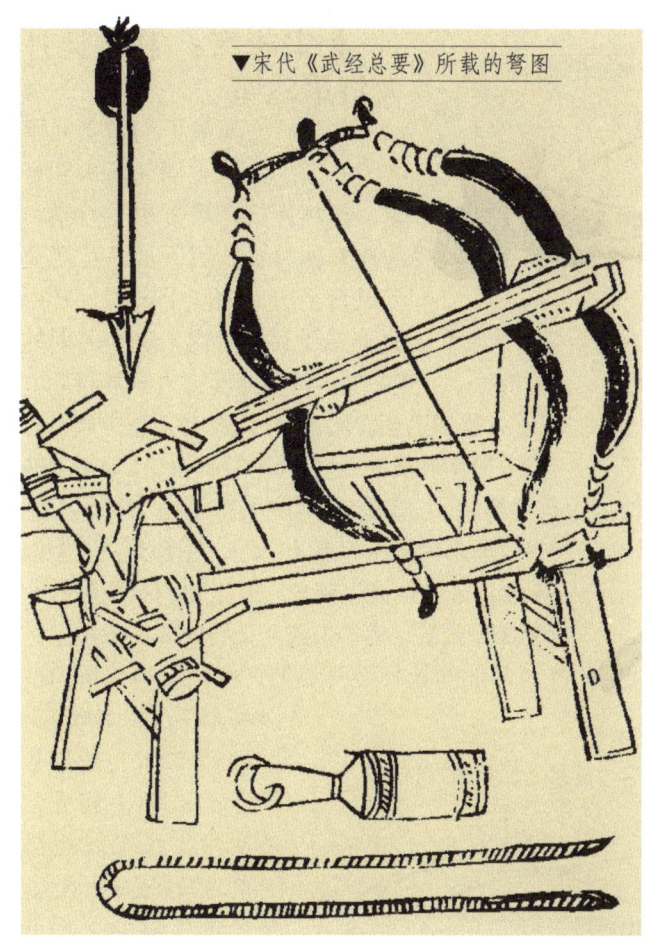
▼宋代《武经总要》所载的弩图

汉朝对弩的重视，与发动对匈奴的战争直接相关。西汉文帝时，御史大夫晁错向朝廷呈《言兵事疏》，指出匈奴惯骑射，汉军善步战，匈奴单兵能力强，汉军武器和集群战斗力占优。在他指出的汉军五大优势中，与弩有关的就有三个。当时在长城沿线戍边的汉军中，用弩的人数已经多于用弓。

汉天汉二年（公元前99年）秋，为策应李广出征酒泉，汉武帝刘彻命令李陵率5000步卒出居延（今内蒙古额济纳旗东南）。李陵北行千余里，至浚稽山（约今蒙古国图音河南），被匈奴单于3万骑兵包围于两山之间。李陵用战车围成营寨，率步兵在营外布阵，前排手持戟盾，后排手持弓弩迎战。匈奴败退上山，汉军追杀数千人。单于又召匈奴骑兵8万围攻李陵。李陵边战边向南退，至一山谷时，令受伤三处者坐车，受伤二处者驾车，受伤一处者作战，斩杀匈奴3000余众。

汉军沿龙城故道向东南行至大泽芦苇中，匈奴从上风放火，李陵令士卒将南面芦苇烧光以自救。行至一山下，单于在南山上令其子率骑兵攻击汉军，李陵率步兵在树木间与其搏斗，杀数千人。并以强弩射单于，单于下山躲避。其后，匈奴骑兵一日数十次进攻，李陵又杀伤2000余人。匈奴作战不利，打算撤退。这个时候汉军军侯管敢降匈奴，把汉军无后援、缺箭矢等情况告诉匈奴，单于下令以骑兵围攻汉军。当时李陵军在山谷中行军，匈奴在山上以弓弩四面射下，汉军损失惨重，未至浚稽山南，150万箭矢皆尽，士卒仅余3000人，遂放弃车辆，退入狭谷。单于军断其退路，并将山上巨石推下，汉军伤亡极大。夜半时分，李陵率10余人突围，匈奴数千骑追击，李陵被俘后降匈奴。逃回去的汉军仅400余人。

李陵以步兵5000与匈奴10余万骑兵对抗，充分发挥了远射兵器弓弩的作用，杀伤匈奴骑兵万余，其战术运用和战役指挥非常成功。由于缺少必要的接应和支援，实力相差悬殊，导致汉军全军覆灭。李陵投降匈奴，汉武帝极为震怒，要杀其全家。后面发生的故事大家都知道，史官司马迁为其求情，被刘彻处以宫刑。

北宋床弩：射杀契丹大将萧达览

中国已发现最早的弩是河南洛阳出土的战国中期弩，木制弩臂，铜制簿钒。最早用于打猎，约在春秋时代始用于战争，普及于汉晋至唐，全盛于宋朝。弩由于体形大，只能在步兵中使用，善于骑射的元朝对此不感兴趣，弩便转而进入衰败时期。随着火器的迅速发展，弩从此退出了历史舞台。

宋代初期很重视弩的研究制造，在神宗之前设有弓弩院和造箭院，两院所辖工场均有上千名工匠。中国宋代弩使用最为广泛，弓弩兵在宋军中可达六成。弩的种类也较多，最主要的有两种：一种为床子弩，它将一张或几张弓安装在木架上，绞动后部的轮轴张弓装箭，待机发射。所用箭以木为杆，铁片为翎，这种箭实际上是带翎的矛，破坏力较强，每次可发出数支至数十支，射程达500多米，是弩类武器中射程最远的一种。这种弩因搁置用的木架形似大床而得名，也被称为车弩，属当时的远程重武器。在火炮出现之前，是攻城威力最大的器具。另一种为

▼汉代木漆弩

▼宋代三弓床弩复原示意图

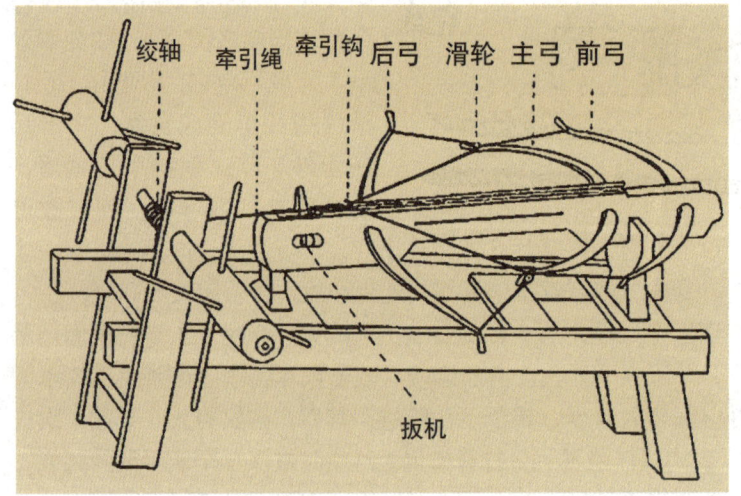

神臂弓，是一种加了简单机械装置的改良弩，射程可达300余米，且穿透力很强。宋军为了克服弩发射频率低的缺点，安排进弩手和发弩手协调操作。在战争中，刀枪士兵、弓箭手以及进弩手、发弩手依次排列。距敌约300米时，先用弩发射大箭或铁丸等，射杀带队将官。敌人离得更近时，弓箭手出击。最后由刀枪手与敌人短兵相接。这种战术在当时取得了很好的效果。

宋真宗景德元年（1004）闰九月，辽国萧太后和儿子圣宗率20万大军再度南下。辽师气势如炽，风卷残云般席卷了保州、定州，直趋护卫京师的重镇澶州。兵临城下，是战是和，北宋官员争论不休。参政知事王若钦等人主张放弃汴京迁都金陵，宰相寇准等主战派力劝真宗御驾亲征。10月，辽兵猛攻澶州城，知州李延渥以死据守，辽兵不克。

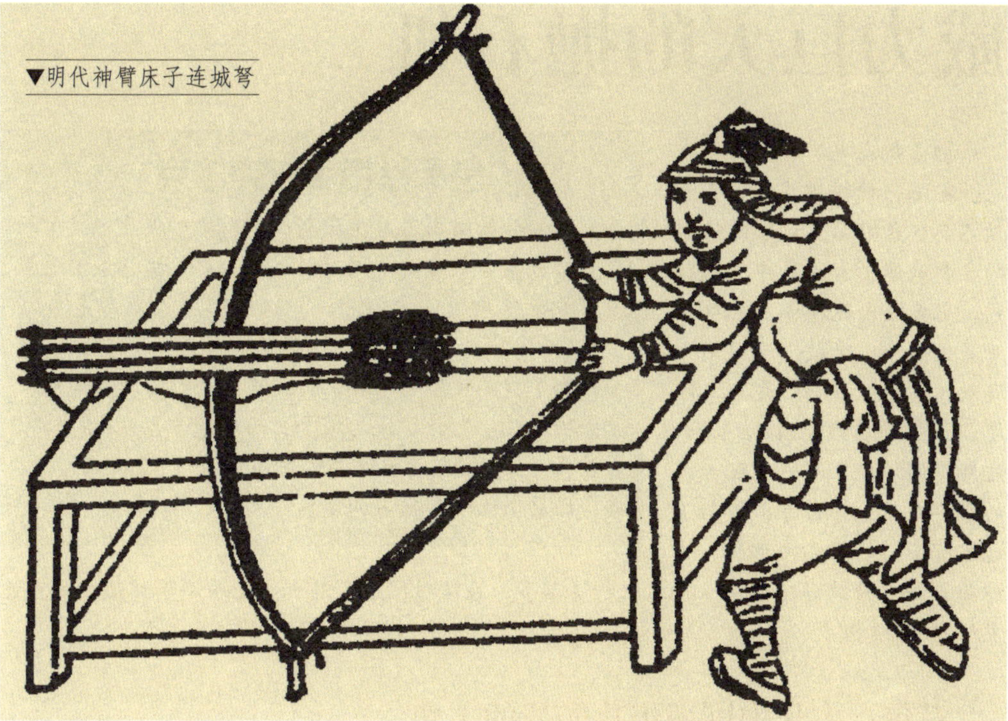

▼明代神臂床子连城弩

怕死的真宗千呼万唤才迈出汴京,没走多远就想返回,在寇准的胁迫劝说下,才继续向澶州行进。11月,真宗还在虚张声势地行进,李延渥率全城军民以死相守着澶州城。辽国统军萧达览倚仗自己武艺超群,亲率数十轻骑在澶州城下巡视并叫阵。守城的虎安将军张环让兵士准备了几架功力强大的床弩设在垛口,瞅准机会诸弩发射,萧达览头部中箭,坠马而亡。

萧太后等人闻知萧达览死讯,痛哭不已,辍朝五日。主将战死,士气大伤,加之进入中原已整整三个月,兵马疲乏,而且宋朝各路援军纷纷涌向澶州,萧太后当机立断提出议和。胆小怕事的真宗马上同意,商定宋国每年交付辽国20万匹绢和10万两银,双方退兵,史称"澶渊之盟"。澶渊之盟虽是一纸不平等条约,但此后辽宋边境百余年无战事,可谓利大于弊。

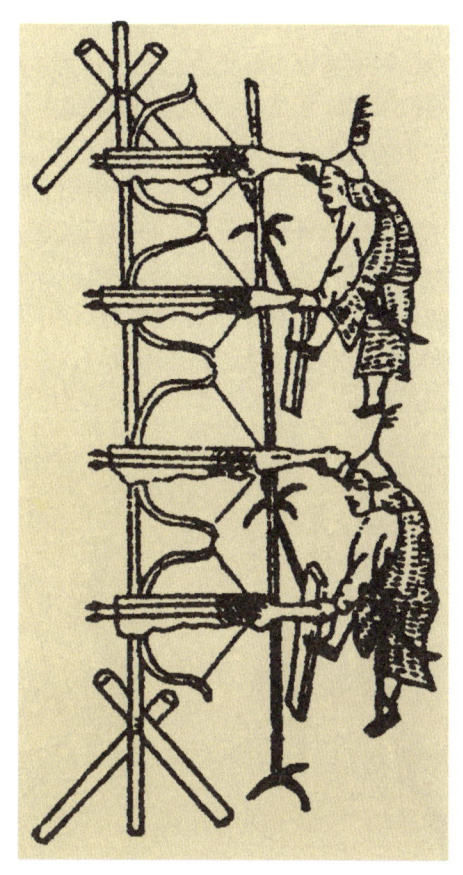

▶明代双飞弩

威力巨大的抛石机

抛石机在电影和游戏中常见，它是一种投掷武器，又称投石器，是野战、攻城、海战的主要武器。古埃及中王国时代，它曾经出现在埃及的努比亚雇佣军中。曾被广泛运用于埃及、希腊、罗马、波斯、印度、亚述、马其顿等国，古罗马、波斯等国均曾在军中编配专门的投掷力量，希腊海军舰船上也曾有专门的投石手部队，这种局势一直持续到中世纪。投石机种类繁多，存续时间长，非洲、大洋洲等部落，一直使用到20世纪初。

金军以石弹攻克汴京

抛石车的运用促发了全新攻城战术的诞生，流星雨般的打击常令戒备森严的城防无法招架。据记载，金军在灭亡北宋的汴京之战中，一夜之间架设抛石车5000余座，汴京城外墙长约50里，折算下来每5米就有一座。金军为了搜集足够的石弹，将汴京附近的石制品洗劫一空。攻城时，先将护城河填平，而后万炮齐发，再辅以大量强弩，一举击溃守城部队的部署，进而出动名为"对楼"的巨型攻城车抢占城楼。

石㧻：古代中国城市攻防战的主角

中国最早抛射石弹的器械称为"石㧻"。春秋时军队已开始装备，汉代以后大量使用。根据唐朝资料记载，石㧻体为木料，接合部采用铁件。石㧻运用杠杆原理，以人力拉拽发射，形状类似北方农村井边打水的吊杆。石㧻中心有条石㧻柱，早期埋在地里，后来为提高机动性，往往安装在架上或车上。

石㧻柱顶端横放一条富于弹性的石㧻梢，利用它的弹力发射石弹。石㧻梢选用优质木料经过特殊加工而成，既坚固又富有弹性。根据发射石弹的重量不同，石㧻梢的数量有所增减，最多的达到13根梢。石㧻梢的一端放置弹窠，另一端拴着石㧻索。每条石㧻索由一两人拉拽。普通单梢用40人拽，大型合梢则需上百人拉拽，最大的石㧻要用200多人才能拽得动。在施放时，将石弹放入皮窠内，兵士各自握一根绳，听号令一齐用力猛拉，利用杠杆原理和离心力作用，把石弹抛至敌方。根据实际作战需要，石㧻有

▼宋代抛石机示意图

不同的种类。初期的抛车变换射向困难，后来发明了一种可以左右旋转的旋风抛车。南北朝时，将石包装在车上随军转动，称作拍车。梁元帝时，有人将其装在战船上，称为拍船。唐代的抛车比过去的更大，称将军石包或擂石车。

《武经总要》记载了宋代16种不同种类的石包，如杂石包、虎蹲石包、旋风五石包、车石包、柱腹石包、卧车石包、旋风车石包、合石包等。还有一种适于近战的手石包。这种石包一般可射70米，每颗石弹重约数十斤，大的可达百斤以上。《宋史·兵志》记载了石包分类的国家标准：上等单梢石包射程应在270步以上，中等的为260步，下等的为250步。最早的炮弹为石制，后来出现了一些新型弹丸，于是石包也常用来发射毒燃球、燃幕弹、毒药等。有些小型战石包使用泥弹，不仅便于制造，而且射出后立即炸得粉碎，不易被敌方拾起反射回来。石包曾长期作为城市攻防战的主要重型武器，火炮出现后逐渐被淘汰。

襄阳炮：襄樊之战一举成名

襄阳炮，又称西域炮、巨石炮。是一种以机抛石，用于战争攻守的武器。这种炮在古代抛石机的基础上改良创新而成，与火器时代的炮有本质差别。中古时，波斯、阿拉伯等伊斯兰教国家抛石机十分发达，能发射八百磅重巨石。元世祖忽必烈受到启发，召回族人阿老瓦丁和亦思马因督造，并教蒙古军士演习。

1267～1273年，蒙古人与汉人发生襄樊之战。在这次著名的战争中，元军使用襄阳炮先后攻打樊城、襄阳城。这种抛石车在杠杆后端挂有一块巨大的铁块或石块，平时用铁钩钩住杠杆，施放时将铁钩扯开，重物下坠，就能抛出石弹。由于人力需求较少，此炮比它的前辈威力大得多，射程也更远。攻襄阳时，蒙古人曾抛射近90千克的石弹，将地面砸出2米多深的弹坑。

南宋也曾仿制此炮，并用于守城。明中叶以后，因大型火铳兵器已用于战争，这种炮渐渐废止。

▶襄阳炮发射

▲重装步兵的密集方阵

投石兵：抛掷石头的专业队伍

在希腊罗马时代，城邦之间经常混战，部队主力以重装步兵为主，在双方主力部队开始之前，先由投石兵发动攻击，以打乱对方队形。抛射完石头，投石兵撤离战场，为后续部队让出道路。

当时，战士的单兵装备往往需要自行解决，而担负抛石任务的士兵可以省去置装的费用，因此，投石兵常常由穷人担任。为了增加射程与威力，他们还使用投石器一类简单有效的装备。不过这种装备射出的石头难以造成致命性伤害，要增强杀伤力，就必须增大石头的重量，可这样一来，射程又缩短了，所以，这种装备多半用于自卫。

▶希腊重装步兵

伴随着弓箭和十字弓制作水平的日益提高，而石块又不能对着重甲的士兵造成致命的威胁，投石兵慢慢淡出古代欧洲战争的舞台。英法百年战争期间中，还有"法国人扔出的石头击毙了整船的英国兵"一类的记载，但是到十字军东征之后就彻底消失了。

在当时的日本，情况又有所不同。面积不大的日本狼烟四起，征伐不休，多山的地形限制了骑兵的使用，加之日式铠甲防御力不强，这给了投石兵以很大的存在空间。

在著名的三方原合战中，武田军的"新众队"每个人都携带一兜拳头大小的石头，临近敌阵抛掷出去打击敌人，目的不仅仅是打乱德川军的阵形，而且要引诱对手主动出击，以便己方能够趁势攻击。德川军显然忽视了投石兵的真实意图，贸然向前冲杀，结果被杀得大败。史料没有提及日本投石兵使用投石器械，可能是依靠臂力投掷，经过训练的投石兵，有效攻击距离可达二三十米。

◀ 希腊重装步兵

历史上最出名的投石手要算巴利阿里群岛的居民，他们从童年起就参加投石训练，头上一般能绕2个甚至3个投石器，堪称全民皆"投"的专业化队伍。

巨型投石器：阿基米德的经典之作

阿基米德晚年时，罗马军队开始入侵叙拉古，阿基米德指导同胞们制造了很多攻击和防御的武器。当侵略军首领马塞勒塞率众攻城时，他制造的铁爪式起重机，将敌船提起并倒转，抛至大海深处。传说他还率领当地人制作了一面大凹镜，将阳光聚焦在靠近的敌船上，使战船焚烧起来。

在艰苦的守城战中，阿基米德利用杠杆原理，制造了远、近距离的投石器，利用它射出各种巨石攻击敌人。罗马士兵在这频频的打击中心惊胆战、草木皆兵，一见到有绳索或木头从城里扔出，他们就惊呼"阿基米德来了"，随之抱头鼠窜。罗马军队被阻在城外达3年之久。

公元前212年，罗马人趁叙拉古城防松懈之机，大举进攻闯入城市。此时，阿基米德正在潜心研究一道数学题。一个罗马士兵闯入，用脚踩踏他所画的图形，阿基米德愤怒地与之争论。残暴的士兵哪里肯听，举刀一挥，一颗璀璨的科学巨星就此陨落。

▼阿基米德广场

出土文物中的盾

从出土的战国铜镜图案中，可见武士一手持盾，一手挥剑斗豹的形象。在东汉画像石中，可见武士一手执盾或镶，一手舞环首刀相斗的图形。在魏晋壁画中，常可见武士执戟、环首刀配以盾牌的争战图。

第四章

防护装具

  作战双方都力求有效杀伤敌人、保护自己,因此,在进攻性兵器发展的同时,人们也不断探索防护器具的完善。冷兵器时代防护装具可分为附着人体和手持两大类,主要包括甲胄、马铠和盾牌。人体防护装具包括头盔和铠甲。手持防护器械以盾、镶为主。盾牌大多为用于单纯防护,少部分也兼具攻击能力。防护装备按制作材料区分,可分为木、竹、藤、革、纸、金属等类型。

  中国北宋是古代防护装具制造的顶峰时期,也是走向衰落的起点,主要因素是火药的发明和使用。火药发明初期,威力还很有限,甲胄仍然具有一定防护能力。随着枪械的技术革新,古老的防护装具愈加不堪一击,最终退出了历史舞台。防护装具对现代兵器研制产生了积极影响,按照这种思路,人们发明了坦克、运兵车等装甲兵器。

盔甲

▲古罗马盔甲

　　甲胄是古代将士穿着在身上防护装具，可以保护身体重要部位免受伤害。甲又叫"介"或"函"，所以古人称制甲工匠为"函人"。先秦时期，人们将由皮革、藤等制成的盔甲叫"甲"，而铜铁片制成的称为"铠"。唐代以后一律统称铠甲，不再按质料区分。

　　中世纪的欧洲冶金技术不断提高，因此到13世纪时，制盔匠便制成了金属片铠甲。起初这种铠甲穿在锁子甲里面，用来覆盖肩和大腿等主要部位。同时还制成了锁子甲连指手套，很快又出现了五指分开的铠甲手套。到了13世纪中叶，金属片铠甲的穿着与锁子甲易位，用来遮盖肩、肘、膝盖、小腿和大腿。13世纪末，金属片胸甲开始取代锁子甲。15世纪，真正的全身甲出现，比较有代表性的是哥特式和米兰式。与14世纪的盔甲相比，其防护面积更大、更完整，但腿和关节内侧、两腋等部位，仍用锁甲防护。到16世纪时，才将这些部位用整体甲叶保护。

铁制、皮制：各有千秋

　　古埃及衣甲　　由约11行横排金属片组成，用青铜钉固定。鳞片宽度1寸多。袖短，有时不及肘的一半。为了减轻胸甲对肩部的压力，

◀鱼鳞甲

▶拜占庭骑兵盔甲

埃及人用腰带把它紧束在腰上，并使用亚麻材料缝制的甲衣背心。

中国皮革甲 夏代常备军已装备此甲。早期以藤条、木片、皮革等原料制成，以皮革为主。商代一般以整皮护躯干，四肢不着甲。周代全甲由身甲、甲块、甲袖三部分组成，每部分由小块革以丝带连接。锁子甲是皮甲问世以来的一次重大革新，由细小铁环相套，形成带头套的长衣，罩在贴身衣物外面，可有效防护刀剑枪矛等利器。弱点是柔软，钝器砍砸容易散落，且制作烦琐，造价高昂。湖北随州曾侯乙墓出土的皮甲，有高直的甲领，长过肘弯的甲袖，以及宽肥的甲裙。

▲亚述铠甲

亚述铠甲 亚述是最早使用铁铠甲的民族。早期的铠甲用铁鳞片和铜片缝在亚麻布或毡制衣服上，尺寸较长，可达膝部甚至足部。通常有短袖，达于肩和肘中间部位。后期铠甲长不过腰，鳞片比旧式更小，且一端呈方形，另一端呈圆形。

波斯鱼鳞甲 由一排排联结在一起的青铜或铁制金属片制成，贵族骑兵用的铠甲常常镀金。在阿黑门尼德时代，波斯还出现了用亚麻、毡子和皮革等材料制成的软铠甲。

拜占庭骑兵盔甲 由皮条、金属片编织而成，脚蹬铁履，上部为皮靴或轻甲保护小腿，手和腕部带有铁手套。铠甲外罩较轻的棉制披风或长衣。另配锅形或圆锥形头盔，盔顶上缀固定颜色的马鬃，以区别其他部队。

纸质盔甲：柔软中的坚硬

中国是世界上首先发明造纸的国度，中国古人不仅将纸用来书写，还曾用它来制作盔甲。纸甲由唐末懿宗时代的河东节度使徐商发明，据说坚固异常，猛箭也不能射穿。从厚皱褶纸的用料推测，其原料是以纸为主的复合材料，利用结构力学原理以增强防护。可算世界上最早的凯夫拉装甲。

宋明两代将此甲列为军队的标准甲式之一。当时宋朝轻装士兵主要装备毡甲、绢甲、绵纸甲，其中又以纸甲使用较多。1040年，北宋政府曾造纸甲3万副，分发给陕西防城弓手使用。

◀穿盔甲的战国武士

这种盔甲既轻便,又坚固,自然大受欢迎。曾有地方官向朝廷申请,提出拿100套铁甲交换50套优质纸甲。

明代中叶,戚继光领兵在东南沿海一带抗击倭寇时,命令士兵穿着绵纸甲。这种甲能有效防御鸟铳铅子,而且适用于高温环境,特别适合在南方地区使用。由此可见,这种纸甲具备一定的防潮湿能力。

铠甲制造:宋代吐蕃人最负盛名的手工业

早在900多年前,青海西宁附近的羌族人吐蕃人掌握了冶炼、切削、磨钻及柔化处理等工艺,并由能工巧匠制造铠甲。这种铁甲通过冷锻法加工而成,甲片冷锻到原来厚度的1/3以后,末端留下像筷子头大小的一块不锻,隐隐约约像皮肤上的瘊子,因此称作"瘊子甲"。瘊子甲甲片青黑,坚滑光莹,柔薄坚韧。当时有人做过一个试验,在50步以外用强弩射击,结果只有一支箭射入,经检查,原来这支箭射在穿带子的小孔,铁箭头竟被甲铁碰得卷起,其坚硬程度可见一斑。

而当时大宋王朝制作的衣甲,脆软不堪,连箭矢和飞石都抵挡不住。当时有官员认为,以大宋朝的财力和技

▼隋唐盔甲

◀明代盔甲

▶ 宋代盔甲

术，完全可以制造出超过羌人的衣甲。之所以不及对方，是由于对方专而精，而自己慢而略。宋朝重文轻武、武备废弛，从中已显端倪。

铁甲著身：荣光的标志

中国古人将铁甲视为身份和荣誉，在仪仗典礼等隆重场合，都要安排金盔银甲闪亮登场，以显重视和荣耀。其用意有点类似后人在阅兵仪式中，安排各种新式武器装备一并受阅。

汉武帝时，有位著名的骠骑将军叫霍去病，他生前曾先后6次西征匈奴，屡建功勋，却年仅24岁就因病去世。为悼念这位早逝的英雄，汉武帝命令铁甲军伫立长安至茂陵沿途，为他送葬。这在当时是十分隆重的葬礼，可谓死者生前战功显赫，死后享尽哀荣。

唐太宗李世民还在任秦王时，曾身披金甲，率1万铁骑，3万甲士，在太庙前举行凯旋礼。唐代制甲还注重外观华美，往往涂抹金漆，绘制花纹，以显示身份，营造氛围。唐宋诗人留下的"金锁甲、绿沉枪""三军甲马不知数，但见银山动地来"等诗句，生动形象地描绘了这种威武雄壮的场景。

铠甲与马铠各有千秋

总体而言,欧式铠甲大多是整张铁皮将身体包裹的板状结构,主要防止长矛等力的进攻。而中式多半装备片片甲叶重叠的叶状结构,重视防范弓弩等技的进攻。在马铠的运用上,中西方的观念相似,都力求在防护与轻便之间寻求一种平衡,但由于不同时期不同程度冶铁技术差别很大,铠甲的重量和形制也小有差别。

铠甲:重板与轻鳞

欧洲重视板状铠甲有多种原因。首先,欧洲小国林立,战略纵深不大,历来推崇面对面的阵战;其次,欧洲士兵体身高力沉,兵器主要以矛和重型的砍砸兵器为主,而且中世纪骑士文化强调勇力和果敢,相对来说,弓弩等远杀伤性武器重视程度较低,即使装备也多以轻箭为主,著名的英国长弓手也不例外;最后,中世纪欧洲军队对外作战的主要对象是蒙古帝国、铁木尔帝国、奥斯曼帝国,这些国家使用刀枪的水平普遍高于弓弩,因此,防砍砸能力优秀但防穿透性能较差的板甲和骑士铠甲才会大行其道。

▲英国格林尼治铠甲

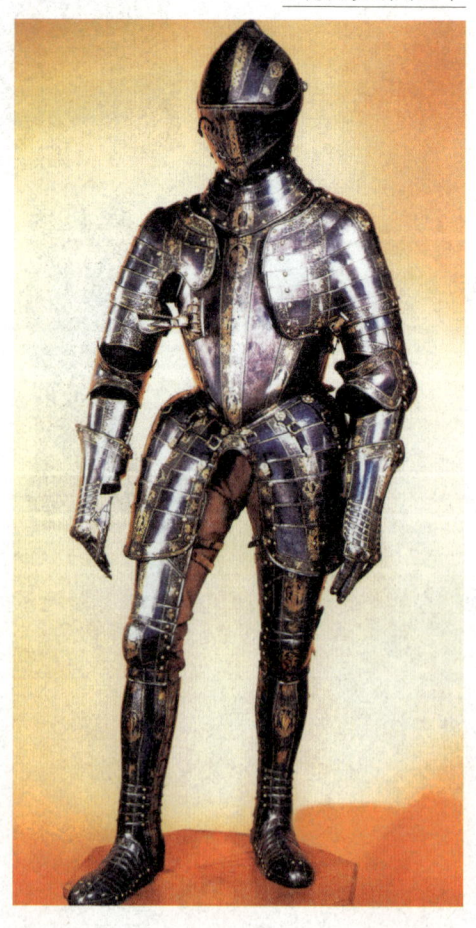

▼德国仪式用盔甲

中国的情形则完全不同。古代中国面对的最大对手是草原大漠上的游牧民族,为了防止阵形被对手的骑兵冲散,大多采取密集结阵的方式作战,然后双方展开步骑对射的拉锯战。如果没有防穿透性能优秀的护甲,势必在与骑兵散线驰射中吃亏,因此鳞甲类护甲是首选。而且,古代中国弓弩技术比较完善,几乎各个朝代都装配重箭,防箭能力差的板甲始终成不了主流。

欧式铠甲在防御弓弩上比中国差,这也是英国弓手在欧洲大行其道的原因。当然,欧式铠甲种类也比较多,不能简单地说欧式铠甲就全是板甲。在十字军东征的时候,欧洲普通士

▲清八旗军盔甲

兵还穿过毡甲和纸甲,这些装甲对阿拉伯弓箭具有很好的防御力。出现这种现象主要是基于经济原因,因为板状重甲只有骑士阶层才有财力购置,穷人出身的步兵根本消费不起。

在重量上,中西方铠甲也有差别。欧洲的铠甲普遍较重,顶级的骑士全铠可重达100多斤,穿上之后上下马需要人扶。在欧洲中世纪战争中,重装骑兵一旦倒地,往往难逃任人宰割的厄运。英法阿金库尔战役中,雨后湿滑的地面使不少法军重装骑兵摔倒,被英国弓箭手轻而易举地结束了生命。

中式铠甲则相对轻盈。比如，南宋绍兴四年（1134），皇帝亲自赐命，规定步兵甲由 1825 枚甲叶组成，重量以 49 斤 12 两为限。此后，又把长枪手的铠甲重量定为 53～58 斤。由于弓箭手、弩射手经常参加近战格斗，其铠甲比长枪手轻 10 斤左右。即便如此，沉重的盔甲有时还是成为部队行动的障碍。绍兴十年前后，名将岳飞、韩世忠率领以铁甲、长枪、强弩为主要装备的重步兵，以密集阵容屡屡击败女真骑兵。当时宋军重装步兵负荷高达 45～50 斤，由于装备过重，机动性受到影响。在绍兴十一年的祐皋战役中，宋朝重装步兵将金朝骑兵打得溃不成军，但由于身披重甲，加上兵器过长，负荷过重，未能全歼敌人。

当然，这个比较需要一个时间坐标，中西方在不同发展时段，盔甲的轻重有所变换。总体来说，与冶铁技术水平直接相关，水平越高铠甲越重。早期中国冶铁技术领先，后来西方反超，所以轻与重并非一成不变。

中式铠甲还有一个特点，可以量体裁衣，酌情增减，根据个人能力和战斗需要，在防护性能和机动能力之间寻求平衡。特殊情况下，士兵甚至可以披挂两层以上的铠甲。这与现今装甲车上的外挂装甲如出一辙。

▼敦煌窟壁画上的西魏马铠

随着技术发展和战争需要，中西方铠甲也并非泾渭分明、一成不变。虽然没有直接的交流合作，但取长补短、互相借鉴却成为双方共同的选择，这个有趣的现象出现在南北朝至宋朝时期。在唐宋交替的时期，拜占庭帝国的片状铠甲开始流行。相对应的，中国南北朝至唐朝时期，板式铠甲明光铠被广泛使用。后来，欧洲士兵也习惯于使用多层铠甲，外面穿全身铠，里面着锁子甲。中世纪后期，欧洲刺剑出现，这种兼具弓弩穿透力的细身剑，改变了欧洲士兵的铠甲样式，他们也穿起了类似中式的铠甲。

马铠：并非可有可无

马铠是古代军队作战时用来遮护战马的装备，又称具装、马甲。主要由皮革或铁制成。一副齐备的马甲应包括遮护头部的面帘、颈部的鸡颈、胸部的当胸、身腹的身甲和臀部的搭后，以及插立

▼唐代贴金彩绘具装甲马俑

在马臀搭后上的装饰物——寄生六大部分。

古代中国战火连绵,马铠被广泛使用。早在殷周时期马甲便出现了,主要用来保护驾车的辕马。战国以后,战车没落,骑兵兴起,用于装备战车驭马的甲胄,经改进后用来装备骑兵战马。秦汉以后,骑兵成为军队的重要兵种,马甲又用于保护骑兵的乘马。

三国时期,马甲逐渐完备,已能遮护马的大部,但使用尚不普遍。南北朝时期,出现了重量接近90斤的"甲骑具装",这是当时重装骑兵的重要装备。马铠结构日趋完善,战马除了耳、眼、鼻、嘴、尾及四肢暴露以外,其他部位都有了保护。隋唐以后,重装骑兵日渐减少,但马铠仍是军队使用较多的防护装具。明清以降,随着火器威力不断提升,装甲骑兵地位迅速下降,马匹不再披挂这种笨重的马铠。

欧洲在十字军东征时期,骑兵护身盔甲得到不断改进,但也因此变得越来越重。因此,对手总要想方设法伤害马匹,这就导致人们设法增加马的护具。到了14世纪末期,重骑兵的马匹所驮载的盔甲和装备重量至少达到150磅。这就必须选择健壮而稳重的马匹,充当重骑兵的坐骑。即使骑乘这样的马匹,也不可能纵横驰奔,最多做些慢跑式冲锋。

由于盔甲的改进,十字军在后来的征战中,伤亡率一直在高低两端摇摆。在打胜仗时,伤亡总是比较轻微,而一旦失败,那么在战斗的最后阶段就会遭受重大损失,因为他们无法逃避敌人灵活机动的屠杀。可谓成也盔甲,败也盔甲。

欧洲重骑兵还装备一种复杂精巧的防具——手套。指套为钢制,用皮革与锁网相连,可以用来握住对手的兵刃而不被割伤。在骑士礼仪中,扔出手套表示要求决斗。这个传统被后来的剑客保持下来,他们在决斗前交换手套,寓意"擦亮你的剑"。

▶德国盔甲

可守可攻的盾牌

盾是一种手持防护兵器，用途是消耗或偏导杀伤力，以掩蔽身体，防卫伤害，常与刀剑等兵器配合使用。春秋战国时，战车上专门有人执盾，以遮挡矢石。城头上多设盾橹，作为守城护具。骑兵和步兵所用的盾牌小型灵便，坚固耐用。

镶由盾派生而出，形状怪异，由铤架、镶板和上下两个曲构成，多由步卒使用。传说镶为战国时期鲁班创制，但无据可考。目前我们见到的镶大多出自东汉时期。

在相当长的时间里，欧洲和中国的步兵都流行盾牌加长剑这种攻守兼备的配置。欧洲全身板甲出现后，骑士们并没有立即抛弃盾牌，出于显示纹章的需要，盾牌的使用时间又延长了很久。火枪大规模使用后，欧洲人逐渐抛弃了重型铠甲，军队也逐渐由封建领主式向雇佣军转变，盾牌才在欧洲彻底地消失了。亚洲人的体格难以披挂重型甲胄，士兵更需要利用盾牌抵挡箭矢刀剑，所以盾牌在亚洲的生命力更为持久。

▼河北磁县北朝墓出土的执盾武士俑

盾的称谓：干、排、牌不一而足

盾在古代称为"干"，古人常用干戈比喻战争，比如"大动干戈"。在中国传说中，盾在黄帝时代就出现了。《山海经》中有一则关于"刑天"的神话，他一手操干，一手持斧，是个英雄人物。为此，陶渊明曾写有"刑天舞干戚，猛志固常在"的诗句。作为实物存在的盾，出现在商代，当时即被作为"主卫而不主刺"的防护装具。盾在唐代改称"彭排"，宋代时称"牌"。明清两代沿袭宋朝的称谓。

盾的材质：轻便坚硬是基本要求

盾牌按制作材料不同，可分为木牌、竹牌、藤牌、革牌、铜牌、铁牌等。由于重量问题，历代盾牌都以藤、木或革盾为主。其中用木和革制作盾牌的历史最长，应用也最普遍。中国商周时期，盾多用于车战和步战，用木、革、藤制作

戚继光的鸳鸯阵法

明朝大将戚继光十分重视盾牌的使用，他选拔"少壮便捷"的士兵担任藤牌手，"健大雄伟"的壮士则当长牌手。步战时，指挥队伍"二牌并列，狼筅各跟一牌，以防拿牌人身后"。戚继光还命令伍长手持挨牌在前，其余士兵按鸳鸯阵紧随在牌后。挨牌是一种近似倒梯形的长牌，上下两缘呈弧形弯曲，高约5尺，宽约1尺，用轻便而坚硬的木头做成。这种鸳鸯阵法，既科学又严密，曾经在抗倭战斗中屡建奇功，大显神威。

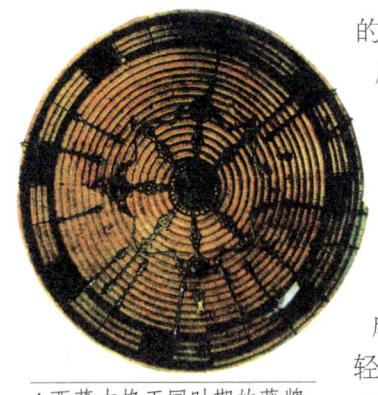

▲西藏古格王国时期的藤牌

的盾是军中的重要防卫武器。这时的盾,前面镶嵌青铜盾饰,有虎头、狮面等,个个面目狰狞,令人望而生畏,借以恐吓敌人。有一种木盾特别流行,顶上有双重弧花纹,呈长方形,表面涂漆,并绘有精美的图案。藤牌也是军队中常用的一种盾牌,最早出产于福建,明代中叶传入内地。藤牌由采集于山上的老粗藤制作而成,一般编制成圆盘状,重不过9斤,牌内用藤条编成上下两环以容手臂执持。这种藤牌,制作简单,使用轻便,加上藤本身质坚而富有伸缩性,圆滑坚韧,不易被兵器砍射破入,所以藤牌传入内地之后,很快便成为步兵的主要装备之一。铜盾和铁盾在中国古代曾经作为仪仗物使用,尽管它们防护力强,但持在手里,面积小则降低效力,面积大则分量加重,所以一直未能用于作战。

盾的形状:样式繁多,面饰纹案

盾牌的形体也有许多种类,有长方形、梯形、圆形、燕尾形,背后都装有握持的把手。西汉以前盾的样式都接近长方形,分为步用和车用。步盾长大,利于防箭和维持阵列;车盾短窄,利于车上使用。防护最大的威胁是弓弩的刺杀,力量远在刀剑劈砍之上。因此到战国时,用于近战的双弧形方盾就盛行起来,纵中线凸起的形状有利于分解刺的力量。东晋南北朝时,双弧形方盾被改进成六边形盾,盾体很长,盾面纵向内弯,就像一片叶子。作战时不仅可以手持,还能将底部尖角插在地上,用棍支起。到宋代时,这种盾被去掉底部尖角,绑在兵步左小臂上,成为旁牌。随着骑兵的兴起,西汉出现了椭圆形盾牌,骑兵可以单手举着抵御攻击。这种样式在魏晋南北朝时一度被冷落,至宋代又"咸鱼翻身",成为骑兵的旁牌。

明代还发明过能与火器并用的多种盾牌。这种盾牌既能防御又能攻击。它们有许多响亮的称呼:神行破敌猛火刀牌、虎头火牌、虎头木牌、无敌神牌等。这种牌用生牛皮制成,内藏火器。战斗时,牌手持牌掩护士兵前进,先向敌人喷火,火焰喷射二三丈远,足可抵挡强兵十余人。虎头牌内藏猛箭一二十枚,临敌时,突然发射,以杀伤敌兵。明代最大的一个牌后面可以遮蔽25人。作战时,可施放火焰,阻止敌骑兵的冲击,又能掩护士兵免受箭枪射杀,还能多面盾牌相连,迅速布成城墙,阻挡敌兵进攻。

▼公元前4世纪伊特鲁里亚士兵的盾牌

中世纪欧洲盾有撒克逊盾、诺曼盾、纹章盾、弩兵用大盾,还有专门适用于骑士的盾,它与铠甲相结合,放置左胸用于保护心脏部位。盾面上常绘有各种图纹,表明自己所处的军事集团。还有一些盾面上写有宗教箴言。攻城的一方有时还会建造足以遮蔽几名士兵的竹牌,以防御敌火力,掩护部队推进。这种形式的木盾还经常装在望楼或橹上,为藏身其中的士兵们提供防护。

第五章

车战兵器的雄风

原始社会时期,氏族战争的主要形式是徒步格斗,近距以刀剑搏杀,远距用弓箭盾牌攻击和自卫。夏代时发明了车,起先用于运输,后来引入战争。战车的速度和冲击力使古老步兵无法望其项背。战车有专门的御手驾马,士兵可集中精力充分发挥武器的威力,各司其职,相互配合。战车的优势很快引起了作战方法的改变,人类从此步入以车战为主要作战样式的历史时期。

车轮立起大国形象

古代战车一般由两匹或四匹马驾挽,以四马为主。从殷墟出土的车马装具可知,大约在公元前14世纪的商代武丁时期,每乘四马战车的编制装备已经制式化。按当时规定,每车编左中右三名甲士。左方的甲士持弓箭射远,称车左,是车首;右方的甲士执戈或矛同敌击刺格斗,称车右;居中的甲士称御者,装备一把剑。

▲秦陵1号铜车马(局部)

运输与战争的双重演变

原始社会晚期,人们在木板圆轮上装上架子,作为陆上运载工具,这是战车的雏形。中国在远古时代已有车骑,随着社会生产力的发展和战争规模的扩大,战车使用的数量越来越多。周武王灭商的牧野(今河南淇县)之战,动用了300乘战车。到了春秋时期,战车发展到鼎盛阶段,千乘之国已不稀罕。周襄王二十年(公元前632),晋楚发生城濮之战,晋国已能出动兵车700乘。为炫耀武力,在邻国检阅部队时,竟列出战车4000乘。春秋战国之交,由于骑战兴起,车战地位逐渐下降,但各诸侯国仍拥有相当数量的战车。直到汉代初年,战车在战争中仍然发挥着一定的作用。

到西周时期,为适应作战的不同需要,战车的分类已经越来越明显。据《周礼·春官》记载,当时的战车已分成戎路、轻车、阙车、苹车、广车五大类。戎路也称戎车,是国君或统帅乘坐的指挥车。轻车便于往来驰骋,是攻击型战车。阙车负责警戒和补充缺损的战车。苹车

▼山东临淄后李春秋殉葬车马

是一种防御性战车,可互相联结成屏障,以抵挡或阻滞敌军的进攻。广车兼有攻防作用,主要用作防御。西汉以后,步骑兵逐渐取代了战车兵。

宋代战车种类较多,形制构造各有特点。《武经总要·器图》中,绘制有车身小巧的独轮攻击型战车,包括运干粮车、巷战车、虎车和象车、枪车等。运干粮车、巷战车和虎车的基本构造相同。以虎车为例,在一辆独轮车上方或前方安置挡板,两侧安置厢板,或在车上安一个虎形车厢,以掩护推车士兵。同时在车的底座上和虎形大口中,伸出多支枪锋,以便在作战时冲刺敌军。由于这种独轮车车身小巧,便于机动,所以士兵可以在狭窄的田埂、道路、街巷中推动冲进,同前来劫粮和进攻的敌军搏战;也可在旷野中排成车阵,成百上千辆蜂拥而前,冲击敌军的前阵,配合步骑兵进攻。

▲中国古代重骑兵　　▼中国古代战车

车之五兵与天子驾六

中国古代战车上一般装备五件兵器,称作"车之五兵",分别是戈、殳、戟、酋矛、夷矛,插在舆侧的固定位置,供甲士临战使用。兵器的这种装备方式,具有长短结合、攻防兼备的特点。不过战车装备的兵器也并非千车一律,种类和数量根据实战需要会有适当增减。

天子驾六为东周时期大型车马陪葬坑,在河南省洛阳市出土。洛阳市在遗址上建成专题性博物馆,系统展示东周洛阳珍贵遗迹遗物,生动再现了以王室贵族为代表的上层社会生活的基本面貌。

其中"驾六"陪葬坑,长42.6米,宽7.4米,坑内葬车26辆、马70匹,规模系同期罕见,为当世唯一原址展示。车马摆放与驾驭形式一致,车队呈两列放置,头南尾北,秩序宛若出行场面,十分精彩壮观。车前马匹分为2匹、4匹、6匹三个等级,反映了东周时期的用车制度。它直观清晰地印证了古文献中关于"天子驾六"的记载,廓清了汉代以降有关天子车骑役使马匹数量的疑问,解决了历史谜题。

外国战车之最

公元前14世纪,小亚细亚赫梯国兴起,赫梯征服者依靠两驾轻型战车,横扫腓尼基、美索不达米亚等地,迅速成为一个军事帝国。它逐渐向南邻叙利亚推进,威胁到埃及在这一地区的既得利益。

公元前3000年,来自阿拉伯半岛的亚述人,在古伊拉克北部的两河流域上游定居。公元前1350年左右,在巴比伦王国陷入衰退之际,亚述人在国王尼拉利的统帅下迅速扩张,建立起强大的军事帝国。之后数百年,亚述人用四轮战车洗劫他方领土,成为著名的东方大帝国。

▲西亚、埃及战车

这两个依靠滚滚车轮建立起来的古老帝国,在车战发展史上自然要留下可圈可点的一笔。

赫梯战车:有文字记载的最早战车

公元前14世纪末,为争夺叙利亚地区统治权,埃及法老与赫梯国王在卡迭石展开会战。埃及十九王朝法老拉美西斯二世调集本国军队和外国雇佣兵共2万余人,战车2000辆,向叙利亚大举进军;赫梯国王穆瓦塔利斯集结约2万人,战车2500辆,坚守军事要塞卡迭石。

▼罗马帝国马车

两军对垒之初,穆瓦塔利斯为诱使埃及军队陷入伏击,派出"逃亡者"向埃军谎报赫梯军队主力尚在百里以外,卡迭石守军薄弱。拉美西斯二世信以为真,亲率先头部队渡河抵达卡迭石以南,结果陷入赫梯部队包围,后续部队也遭到袭击,损失惨重。被困的拉美西斯二世奋力抵抗,将护身的战狮放出来保驾,并急令另一支后续部队火速增援。援军赶到后,以一线轻步兵掩护战车、二三线步兵和战车各半的战斗队形,猛冲埃及中军,并令要塞守军8000人出击配合。战斗十分激烈,双方势均力敌,未分胜负。赫梯军退守要塞,拉美西斯二世亦无力夺取要塞,决定返回埃及。

在以后的16年中,双方仍不断争战,但都未能取得决定性胜利。大约公元前1280年,拉美西斯二世与赫梯国王哈图西利斯三世缔结和约结束战争。此战也是古代军事史上有文字记载的较早的会战之一，步兵与车兵协同是这次会战的一大亮点。

亚述战车：现代坦克鼻祖

亚述人的弓箭手和矛兵坐在双轮战车上直接攻击敌人，将车辆转换成一种可怕的攻击性武器，很少有敌人可以抵挡得住亚述人双轮战车的突击。这种毁灭性的攻击形态，很快就被许多亚述的

▲埃及图坦卡门法老的双轮战车

敌人模仿，他们也利用两轮马车反击对手。除了双轮战车外，亚述人还发明了一种类似坦克的攻城武器，从而将这个一战产物的雏形，定格在3000多年前。

亚述人发明坦克之际，亚述帝国的版图从地中海东岸一直延伸到了波斯岸，这也恰恰是整个海湾战争的战场。公元前701年，犹太城市拉基（在今以色列）开始奋起反抗亚述王西拿基立的独裁统治。西拿基立乘坐战车将拉基城团团围住，但他无法忍受自己的军队被长期羁绊在此地，毕竟他要管理整个帝国。于是，他要求工程人员发明一种攻城武器，以便尽快攻破城池。世界上第一辆坦克便由此诞生。

这是一种轮式车辆，由表面覆盖防护性生牛皮的木质框架构成，前端装有金属制成的攻城锤。奴隶们在里面推动车辆前进，士兵们紧随其后，利用车体的掩护靠近敌人的城池。为了使坦克能够直接攻击城池上端比较薄弱的部位，西拿基立命令奴隶在城墙前建制一个土坡。奴隶们冒着箭雨，完成了这项艰巨任务。坦克沿着土坡向城顶进发，坚硬的车身有效抵挡了犹太人的进攻。然后，攻城锤开始攻击塔台的顶部。不久之后，坦克攻破了城墙，西拿基立的军队涌入城中。犹太首领希西家王派人送信，请求西拿基立宽恕，提出对方如果愿意撤军，可以答应所有要求。但是，西拿基立一向铁血残暴，绝非心慈手软之辈，他将叛军头目们包围起来，并且将他们处死。许多人被钉死在尖桩上，另一些人被活活剥皮。随后，他将当地20万名居民全部流放在外。

亚述人发明坦克，固然体现了智慧才干，但它制造的毕竟是武器，服务流血政治的根本目的并未改变。亚述坦克的出现说明，所谓先进武器，很大程度上是降低了征服的难度，提高了杀戮的效率。

◀亚述战车

第六章

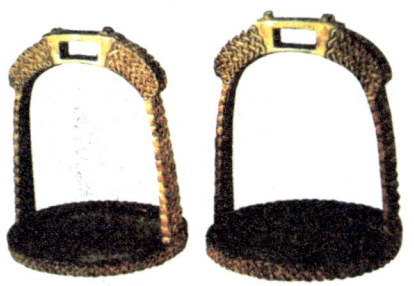

骑兵兵器的突起

　　骑兵的历史非常久远，早在公元前 2000 年，马就已加入了战争的行列。中国是世界上较早拥有骑兵的国家之一，在商代时已经出现，但那时主要用于追捕逃亡奴隶。春秋初年，虽然有些诸侯国建立过小规模的骑兵部队，但一般都不参加作战。春秋中后期车战发展到顶峰阶段时，战车费用昂贵、驾驭困难，特别是对战场要求过高等弊病凸显，于是步兵、骑兵逐步兴起。战国时代，西汉政府出于与游牧民族战争的需要，骑兵正式成为一支独立兵种。元朝是中国历史上骑兵发展的鼎盛时期，蒙古军团以轻装骑兵闪电作战，攻占下辽阔疆域。随着火器迅速发展，骑兵地位日渐衰落。清朝以弓马开国，对骑兵有所倚重，所以骑兵建设较之明朝有小步回升。

　　骑兵在西方同样受到重视。在 11 世纪，洛尔河与莱茵河之间的贵族子弟从小就接受格斗技巧和马术训练，这些骑在马上的武士后来形成一个贵族阶层——骑士。这些人组成的重装骑兵，成为中世纪军队的主力。十字军东征期间出现的三大骑士团，使欧洲骑兵发展到了巅峰。

　　尽管克制骑兵的战术越来越多，但由于骑兵拥有的强大机动力和冲击力，在战争中依然保持着极高的地位。公元 17 世纪时，日本出现了纯火枪骑兵队，称为"骑铁"。约 300 年后，欧洲"龙骑兵"出现。机枪、战壕组成的阵地战出现，特别是装甲战车推广使用后，骑兵离开了战场，只是偶尔在庆典礼仪场合亮相。

攻击防御机动

辽金骑兵

辽金的军队很讲究骑兵的机动作战，一般军中的正兵均配有3匹左右战马，机动力很强。辽宋的幽州之战中，辽军就凭借当地平坦的地形和骑兵的机动力，先后将宋将曹彬、潘美各个击败。金兵也长于骑兵善于野战，史称"金之初起天下之强莫过于此"，金国有著名的拐子马，在作战时以步军为正兵，拐子马作两翼突击，在平原上对宋军作战占据很大优势。当时有民谣曰：它有金兀术，我有岳元帅；它有拐子马，我有麻扎刀；它有狼牙棒，我有天灵盖。

有刀锋之利，有效打击敌人；有防御之坚，更好地保护自己；能够快速驰奔，以把握稍纵即逝的战机，这是古往今来的军队梦寐以求的理想境界。攻击力、防御力和机动能力，常常是衡量一支军队战斗力的重要指标。在冷兵器时代，骑兵在机动性能上具有明显的优势，进可纵横驰奔，退可迅速撤离，一度成为许多国家重点发展的兵种。

马鞍、马镫：骑兵重振雄风的契机

骑兵刚在欧洲大陆出现时，一度威震四方，随着古希腊方阵的出现，曾经显赫一时的骑兵，失去了昔日的荣光。因为当时的战马还没有马鞍和马镫，士兵靠两腿夹着马匹，马一旦受惊吓，骑兵就会翻身落马。而且那时的马蹄还没铁掌，时间长久了，奔驰的骏马也就成了可怜的跛马。在荷马时代，欧洲骑兵发展得都比较缓慢。

公元前6世纪前夕，斯基泰人发明了马鞍。4世纪时，日耳曼人在马鞍两边安上环状皮带，用来放脚。马镫的发明出现在8世纪法兰克墨洛温王朝灭亡时。到9世纪，人们在马蹄的底部钉上铁掌。这些在今天看来不值一提的发明创造，在古代欧洲却经历了漫长的探索，当马鞍、马镫、马蹄铁应用到马匹上的时候，人们发现骑兵完全可以大有作为。技术进步给乘骑提供了有利条件：马鞍的出现，提高了人体的稳定性，同时鞍面抬高后人的视野更宽；马镫踩脚的部位加宽，骑马者上身会微微向后仰，身体与马颈间的距离拉得较开，不再受马头昂起的干扰；马蹄的安装，极大方便了长途奔袭。这些也给骑兵的作战方法带来了新变化：不仅可以双手同时出击，而且还能使用砍砸兵器；作战动作不再局限于突刺，还可以作盘旋、架隔、挥舞等动作；行止的自如使作战双方不必仅靠交叉驰过的瞬间来交锋，而可以在胶着状态中反复进行。到罗马帝国时期，跨马持矛的蛮族士兵成为罗马军团的劲旅，骑兵成为了中世纪驾驭战争的一个决定性的力量。

在古代中国，鞍具不完备也一度

▼辽代马镫

妨碍了骑兵的发展。汉末之前,骑兵在快速机动方面有了进步,但作战方法仍比较原始。秦汉兵马俑中的士兵铠甲,大都只集中在胸部和背部,臂腿和头部却没有相关保护,不仅与后世相比显得简陋,而且与当时秦汉的强势地位好像也不相称,这一现象反映出当时骑兵作战的特点。从这个角度看,《三国演义》中妇孺皆知的英雄关羽,很难以"拖刀计"这样的战法斩杀颜良。《三国志》的说法是"策马刺良于万众之中,斩其首还",根据当时马匹装具的发展水平可以判断,"刺"更接近历史真实。

▲明代的战马及鞍具

郎中骑兵与哥特重骑兵:覆灭对手的劲旅

在秦末农民起义和楚汉之争中,西楚霸王项羽的军事思想比较先进,他非常重视骑兵的运用。项羽的骑兵在战争中发挥了很大作用,几次险些歼灭刘邦的军队。在彭城之战中,项羽曾用3万骑士大破刘邦与诸侯联军56万之众,并斩杀了近30万敌兵。

这次惨败使刘邦领教了骑兵的战斗力,为了对抗项羽,刘邦专设了一支精锐骑兵部队,称之为"郎中骑兵"。他起用秦国降将李必、骆甲为校尉,专门训练骑兵。后来,韩信在其一役成名的破赵之战中,曾用两千轻骑偷袭敌军大营。如果没有骑兵参战,韩信背水一战的成功系数会大大降低。

欧洲中世纪前期,以哥特人和萨桑人等为代表的重装骑兵迅猛发展。哥特人于公元2世纪进入黑海沿岸地区,从苏美尔人和艾伦人那儿学到了精湛的控马技术。随后,他们以欧洲大型马为骑具,装备上厚重的马铠,使用直剑、标枪等进攻兵器,建立起哥特重骑兵。

公元378年,在亚德里亚堡战役中,西哥特与亚伦联军投入2万骑兵和3万步兵,与西罗马帝国皇帝瓦伦斯率领的4万军队对决,当时两军兵力总数相差不大,但西罗马骑兵数量较少,只有对手的一半。战斗打响后,哥特骑兵锐不可当,从中央突破对方的防线,绕至敌军背后展开攻击,配合突进步兵完成对敌军的分割包围,将瓦伦斯皇帝及四万名官兵一网打尽,西罗马从此一蹶不振。

▶十字军的战争场面

职业化军队萌芽

骑士是一个阶层，原本是隶属于贵族的士兵，后来逐步与贵族形成契约式雇佣关系。骑士有义务为王国或领主作战，并管辖部分农地收取租金，以此作报酬。初期所有士兵都有可能成为骑士，不过后来具有地主身份的骑士渐渐形成了一个固定的阶级，成为统治者的附庸。

骑士制度：欧洲中世纪的一抹亮色

公元9世纪时，北欧海盗像旋风一样所向披靡，不断地劫掠北欧和西欧海岸。为应对海盗的威胁，各国相继出现了常备的机动部队，它由经过战争锻炼的骑士组成，能迅速迎击入侵之敌，这是职业化军队的萌芽。公元800年，法兰克王国查理大帝一统西欧，被教皇加冕为"伟大的罗马皇帝"，12名跟随查理大帝南征北战的勇士成了"神的侍卫"，被人们称为圣骑士，这便是最初的骑士。完整的骑士制度到公元11世纪才成型。

罗马天主教和统治者发动的十字军东征，将骑士阶层推向极度繁荣。战士的骁勇和基督教的信仰结合，骑士随之也具备了一个新的身份——基督卫士。披上天主光辉的骑士忠诚于国王和基督，一部分骑士在基督教义的感召下，乐于救助鳏寡老幼，他们脱离了其蛮族和异教的背景，而被整合于基督教文化的社会结构中。骑士与神甫、农民一起，被视为当时社会不可或缺的三个"器官"。

基督教义骑士精神，概括起来有八大美德：谦卑、荣誉、牺牲、英勇、怜悯、精神、诚实、公正。在中世纪盛行的

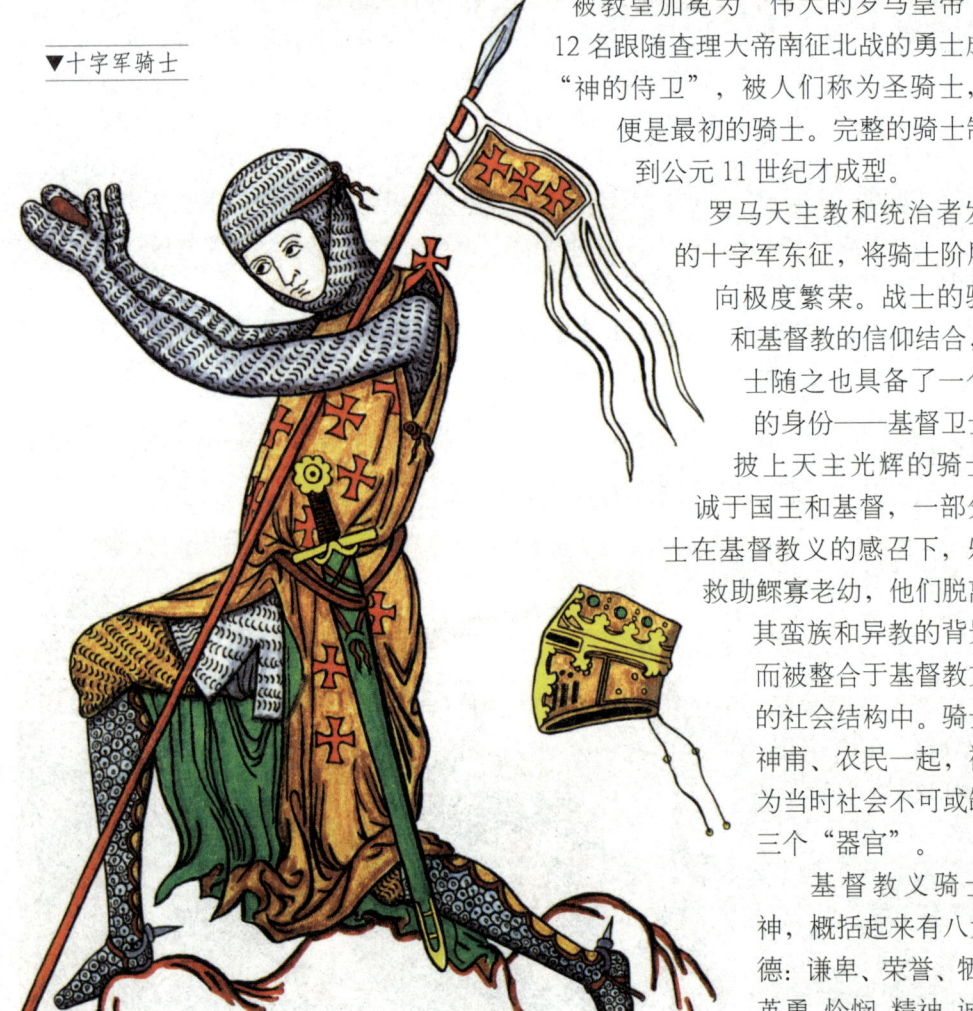

▼十字军骑士

骑士文学中，骑士们总是言行得体、举止优雅、追求浪漫，并且追求灵与肉分离的爱情，他们有武士的忠诚、信徒的谦恭、男人的纯洁、贵族的善心，成为正义和力量的化身，荣耀和浪漫的象征。骑士制度则成为西方的伦理标准，深刻地影响了人们的观念和行为。时至今日，英国仍然设有骑士头衔，凡是为国家和社会作出重大贡献的杰出人物，便有可能得到女王的授勋。

三大骑士团：中世纪骑兵的重要力量

在影视文学作品中，欧洲中世纪骑士充满了神秘，他们侠骨柔肠、优雅从容、浪漫多情，几乎成了男子的典范。其实，历史上的中世纪骑士远非如此。他们貌似修士僧侣，实为战争工具，倾心的不是传经布道，而是讨伐征战。刀光剑影固然显示了其铁血勇敢，但也充满了野性和邪恶。

骑士团出现在中世纪十字军东征期间，1099年，第一次十字军远征结束后，建立起4个十字军国家。在穆斯林的虎视眈眈之下，十字军国家处于动荡不安之中。于是，罗马教皇组织起了三个僧侣骑士团，即善堂骑士团、圣殿骑士团和条顿骑士团。

骑士团内部实行严格的集权制。每个团的最高首领是总团长，归其管辖的支团首领称支团长，再往下还设有司令、马厩长等；支团长以下的军官组成总会，从属于总团长；而总团长

▲英国王子爱德华骑士装束

则直接听命于罗马教皇，必须唯教皇之命是从。

1410年，骑士团和波兰、立陶宛联盟在塔能堡附近爆发了一场大规模战役，这场战役是欧洲中世纪历史上规模最大的一次骑士战争。骑士团大团长乌尔里克在战斗中阵亡。骑士团陷入混乱，许多骑士逃离战场。联军抓住这一良机发动冲锋，将骑士团军队击溃。塔能堡一战使骑士团遭受了毁灭性的打击，其意义类似于哈丁战役之于耶路撒冷王国。骑士团就此走上了衰亡道路。

十字军东征

十字军东征是在1096年到1291年发生的九次宗教性军事行动的总称，是由西欧基督教（天主教）国家对地中海东岸的国家发动的战争。由于罗马天主教圣城耶路撒冷落入伊斯兰教徒手中，十字军东征大多数是针对伊斯兰教国家，主要的目的是从伊斯兰教手中夺回耶路撒冷。东征期间，教会授予每一个战士十字架，组成的军队称为十字军。十字军东征一般被认为是天主教的暴行，到近代，天主教已承认十字军东征造成了基督教徒与伊斯兰教徒之间的仇恨和敌对，是使教会声誉蒙污的错误行为。

蒙古轻骑横扫欧亚

重装骑兵一度是世界各国军队的主力。今天的人们回望欧洲中世纪历史,从头到脚包裹得严严实实的盔甲、马铠一直是记忆的亮点。中国重装骑兵的衰弱出现在隋末唐初,当时各地农民起义蜂拥而起,他们改变传统的作战样式,大力装备轻骑部队,以灵活多变的战略战术重创隋朝军队,重装骑兵逐渐丧失了原来的垄断地位。唐朝时期,重装骑兵作为一个兵种虽继续存在,但已不是主力,战马卸去了沉重的铠甲进入轻装时代。

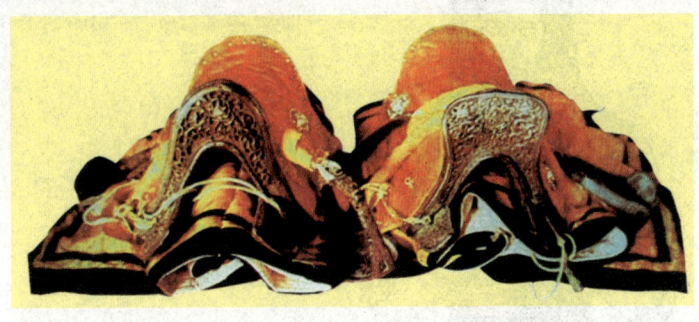
▲成吉思汗御用马鞍

轻装骑兵使重装骑兵走向末路,这一点欧洲与中国类似。蒙古人西征时,通过大纵深、多迂回、高速度的战术,将骑兵战术推到了冷兵器时代的顶峰,也使欧洲重骑兵陷入谷底。面对蒙古人的长途奔袭、迂回包抄,习惯小纵深正面作战的欧洲军队惊悚不已,将其视为恐怖和灾难的代名词。

闪电战:始出于蒙古军团

人们总是习惯地认为希特勒首创了闪电战,而事实上,闪电战是成吉思汗进攻战术的一个重要方面。因此,蒙古人才是闪电战的开山鼻祖,希特勒不过是把这种战术运用在机械化战争背景之下。

蒙古人实行全民皆兵的百户、千户制,上马则武备战斗,下马则屯聚牧养,战时是军人,平时是牧民。为了提升军队战斗力,蒙古人推行军官世袭制度,对儿童进行专门的骑射训练,并通过大规模的围猎来锻炼部队。

蒙古马虽然体型较小,但适应力强,耐粗饲,易增膘,寿命长,十分适合长途行军、无后勤保障作战。并且蒙古母马哺育期可产奶300~400千克,这成为军队的重要食物来源。蒙古骑兵有着超强的机动力,一名士兵往往备有六匹以上战马,轮换使用,一天可以行进近百公里。

尚武的民风,平战结合的体制,精

胡服骑射

赵武灵王是战国时赵国的一位奋发有为的国君,他为了抵御北方胡人的侵略,实行了"胡服骑射"的军事改革。改革的中心内容是穿胡人的服装,学习胡人骑马射箭的作战方法。

在赵武灵王的亲自教习下,国民的生产能力和军事能力大大提高,在与北方民族及中原诸侯的抗争中起了很大作用。不但打败了经常侵扰赵国的中山国,而且夺取了林胡、楼烦之地,向北方开辟了上千里疆域,并设置云中、雁门、代郡行政区,管辖范围达到今河套地区,赵国成为"战国七雄"之一。

"胡服骑射"是我国古代军事史上的一次大变革,被历代史学家传为佳话。

良的战马,便捷的给养,加上有成吉思汗、木华黎、速不台、拖雷等出色将领,蒙古军团成为当时世界上最强大的军队,征服了前所未有的广大领地。在东方消灭了宋、金、西夏,在西方打败了花剌子模(今土库曼斯坦),打败了西方联军,征服了俄罗斯草原,战争的烽火一直燃烧到里海之东、多瑙河边,元朝因此一度成为中国历史上疆域最大的朝代。

灵活机动:蒙古人克敌制胜的关键

如果仅比较单兵作战性能,蒙古轻骑兵根本无法与欧洲重装甲骑兵一决雌雄。从进攻武器看,欧洲重装甲骑兵使用长矛和重剑,杀伤力远大于蒙古骑兵手中的马刀、长矛及狼牙棒;从马匹性能看,欧洲骑兵所用的高头大马,载重和冲击能力要胜于蒙古马;从防御能力看,欧洲骑兵铁制盔甲、马铠一应俱全,而蒙古军则大多是皮甲装束;从人种角度看,欧洲人的体能也不在蒙古人之下。

蒙古骑兵胜利的关键,在于其灵活多变的战略战术。欧洲军队的战场环境大多狭小,而且有惯常的骑士之风,崇尚正面对决。而蒙古军队却与之相反,他们可以在很大的区域内实施迂回包抄。

当大部队与敌正面遭遇时,蒙古骑兵通常形成两排重骑兵在前,三排轻骑兵在后的战斗队形,并在敌侧后方以流动骑兵伴动伺攻。双方军队接近后,蒙古轻骑兵从前排重骑兵横队的空隙间,向敌人投射长矛和毒箭,然后队形迅速回撤,以避免敌人以牙还牙或短兵相接。欧洲重骑兵机动性远逊于对手,所以必须保持队形整体推进。这种且战且退的攻击,往往要持续多次。一旦敌军队形混乱开始后撤,蒙古人则迅速变成包抄队形,实施近距离砍杀。

在没有绝对优势的情况下,蒙古军队很少打消耗战、持久战,如果敌方城堡坚固,通常只留少数骑兵配合工兵攻坚,大部队仍快速大纵深挺进,这种路数常使后方的敌人始料不及。

汉唐官马制度

西汉为了对抗匈奴,大力发展骑兵,建立了饲马制度。汉文景时期颁行"马复令",用免役的办法鼓励民间养马。并设立马政机构,中央任命太仆,地方设有马丞,负责饲养马匹以备军用。从汉初至武帝时,汉朝有厩马40余万匹。这一制度保证了汉朝对匈奴作战的马匹需求。

唐朝从起兵始就重视马政建设,设太仆、监牧史、监牧等官吏,监牧以马匹数量为标准分上中下三等,中央政府每年对监牧进行考课。自唐贞观至麟德40年间,所养官马达70余万匹,设有八坊四十八监,占地一千多顷。唐太宗李世民善于骑射,其著名的六匹坐骑被称为"昭陵六骏"。

◀唐太宗昭陵六骏什伐赤

第七章

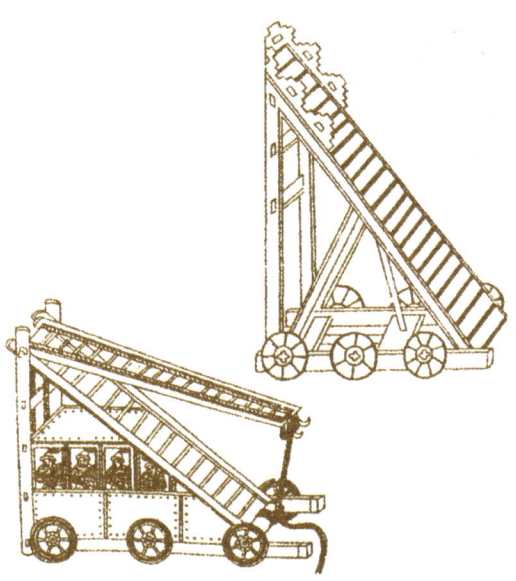

攻城与守城

　　古人以作战目的和地域为基准,将战争分为战、御、攻、守四类。战、御指野战的进攻与防守,攻、守专指城池争夺中的攻陷与坚守。在中外古典小说中,攻克城池数量常常是衡量将士军功大小的重要标准。因为攻克一座池城,就开拓了一片疆土,控制了一群民众,占据了一方资源。攻城略地、守土开疆,是古代军人魂牵梦萦的职业理想。

　　与此相对应,冷兵器时代的军事技术,包括武器装备制造和军事土木工程两大类。这两项技术相辅相成、相生相克,在一次次的攻防对决、生死较量中不断发展进步,人类的战争史因而显得更为波澜壮阔、扣人心弦。

攻击和观察

一万多年前,地球最后一次冰期结束,人类开始了新的征程,由旧石器时代迈向新石器时代。技术进步促进了生产工具和狩猎武器的改进,随着农耕定居生活的发展,安邦保民、避免袭扰的需求越来越大,设置防护设施的村寨开始出现,一些人口规模较大的地区开始了筑城活动。距今5000～400年期间,原始社会的发展到达高峰,逐渐向阶级社会过渡,由部族纷争引发的武装冲突频发,武器的功能迅速由狩猎向战争拓展,筑城活动日益兴盛。从此,敌对双方较量抗衡的场所,除了狼烟四起的荒郊原野,另有兵戈扰攘的城池关隘。

▲宋代攻城撞车

撞城木、螺旋机:简易实用的破坏工具

撞城木也称破城锤,是最古老最原始的围城器械。早先的撞城木,就是一根大木头,由多名士兵携带。后来的撞城木形态较为复杂,前端装有楔形锤头,中部装置在四轮车或围城塔中,士兵围在木梁两侧,推动其撞击城门或城墙。历史上最大的破城锤出现在2000多年前,被称为羊头撞锤。

公元前305年,德米特里奥斯·波利奥特围攻罗得岛,使用了这种羊头锤,锤顶有金属保护层,锤梁有铁甲,长达53米,装在轮子上,由1000名士兵运输。

螺旋机是一种用于在城墙上打洞的工具,原理类似于开启酒瓶木塞的起瓶器。由于在紧临城下使用,通常需要掩蔽通道保护。

防护棚具、掩蔽道、幔:掩护己方的重要器材

防护棚具装有轮子,保护士兵向防御工事运动。掩蔽道是有盖的木制通道,一般在离城堡较远处开始搭建,像机场登机的过道那样逐渐加长,以便攻击者接近城墙。

幔是在攻城战中能保护多人的一种大型盾牌,最早出现于春秋战国时代。根据所用材质,分为木幔和布幔两种。它的奇特之处在于,由于材质不同,它既可用于攻城,也可用于防守。木幔主要用于攻城,在攀爬过程中,用来遮挡守城敌军发射的箭和石弹。接近城墙时,也可用于坑道入口的防护。木幔尺寸不定,根据敌方的情况可调整变化。为了增强机动性,有的木幔装载在木车上。为了缓和敌人射击的冲击力,所使用的支柱呈自由状态支撑着,可根据敌人攻击的强弱,利用杠杆作用,使木幔上下移动。

布幔主要用于守城。它用麻绳或竹编织而成,在上面泼水涂泥,用木棍支撑放置城墙,可以遮挡敌人射来飞矢流石。根据《墨子》中的描述,当时的布幔横向两米,纵向近三米。当敌人爬上城墙时,可把布幔点燃抛向对方。当攻上城墙的敌人将要推开布幔时,守城者使用连枷之类的多节棍棒打击,或用砂和石灰等细粉物撒向敌人的眼睛。

幔之所以具有很高的防御力，关键在于它不是被固定在支柱上，而是采取一种自由状态的"软支撑"。当箭、石弹命中时，幔就在其冲击力作用下向后摆动，减小了箭和石弹的威力，而使幔后的士兵不受伤害。由于幔防御能力强，而且制造简单，因此一直从战国使用到明代。

东魏武定四年(546)，神武帝高欢率领东魏大军围攻玉璧，经过两次攻城失败后，高欢制造了攻城车，再度攻打玉璧城。守城统帅韦孝宽命令士兵用布缝合制作成幔，配置在攻城车的前进路上。能够冲破盾牌的攻城车，对飘扬在半空中的布幔却无能为力，只得以失败而告终。

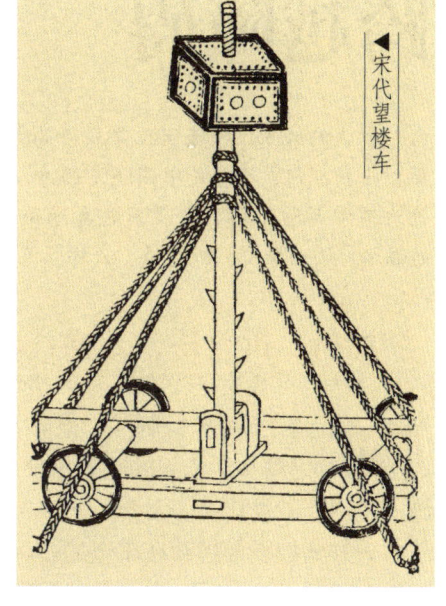
▲ 宋代望楼车

望楼、巢车、临时堡：观敌瞭阵、临时屯兵的处所

宋代望楼高八丈，用坚木支撑，顶端建一座宽五尺的版屋，在屋底设一出入口，坚木上钉上钉子以便观测人员（望子）攀爬，底座用两根各长一丈五尺的鹿颊木埋入土中，只露出八尺，以船只上绑桅杆的方法将坚木和鹿颊木固定，然后在坚木上绑上120尺、100尺和80尺三种高度的固定绳以确保其稳定性。一般而言，望楼中只配属一名望子，手持白色旗，无敌情警戒时旗子卷起，若敌来犯则将旗张开，敌人靠近则将旗杆横置，若敌人退走则慢慢将旗举起。望楼车基本上和望楼的形制很接近，只是多了一个四轮车座而已。

巢车不仅用于攻城战，还可以用于野战来侦察敌人行动。侦察用的巢车，最早出现在攻城战频繁的春秋时代。巢车的功能虽与望楼车相近，但车制有些不同，巢车车座采用八轮车座，而且以双竿作为支撑，竿的高度则视城池高度而定。唐宋的城墙约五丈，因此要侦察城内必须高过此数。

临时堡也称据点。围城者通常兴建此类建筑，用作小型野战要塞。一般兴建于中立地区，或是高地的突起处，多半以土垒为主，再以栅栏等物品加强。

唐武德五年（622），宋军与西夏军队在灵州（今宁夏灵武）展开激战。宋军投石机在巢车的指挥下，向灵州城墙大量抛射，压制城楼上的守军。数百架望楼车在战场移动，高大的望楼车比灵州城还要高，每架车上载有十几名宋军神箭手，弓弦响过，西夏人瞬间毙命。

最后的冲车

清咸丰元年(1851)，太平天国士兵包围清兵于桂林。太平军用云梯攻城失败，于是制造了和城墙一样高的吕公车，用车上配置的铳和炮向城墙的清兵射击。当时，清军使用绑有松明的长竿和煮开的热油这些传统方法，最终把吕公车烧毁于城下。

跨越障碍

古代的城池，城墙往往修筑得高大坚固，城池四周还要挖掘护城河，不管是中国还是西方，古代的人们都将此作为惯常的防守路数。以下这类器械用于跨越壕沟和攀越高墙，例如壕桥、折叠桥、云梯、填壕车、攻城塔等。

壕桥、折叠桥、云梯：设法靠近城墙

壕桥、折叠桥是带有车轮的移动桥，用于跨越护城河。由于桥身用木料制成，很容易遭到石弹和火具的破坏，加之缺少对士兵的有效保护，很难长时间作业，因此使用范围较狭。

▲宋代折叠桥

云梯是把长梯搭载在车上的一种攻城兵器，主要用来攀登城墙，也可用于侦察敌情。云梯在周朝已经出现，在春秋战国时代被广泛使用。根据《墨子》记载，云梯由鲁班发明。当时，南方楚国计划攻宋，主要攻城装备便是云梯。墨子获知这一情报后，命弟子率人加强宋城防卫，同时亲自去劝说楚王放弃战争。墨子和鲁班以带为城，以木片作攻城兵器，通过模拟演练分出高低。鲁班7次攻打墨子的"宁城"，使用了各种攻城兵器，但都被墨子打败了。通过这场可堪称世界最早的模拟战争，墨子成功地拯救了宋国。

云梯作为典型的攻城兵器，在战争中被广泛使用，一直延续到清末。宋代的云梯用粗木制作成底板和立柱，下面安有6个车轮，车上装载两个梯子，梯长各2米左右。梯子长度可以根据墙高度来调节，最长的可攀登7～9米高的城墙。上端的梯子装有铁钩，以便挂住城墙以防推移。为了控制梯子与城墙的角度，车的前后分别设有辘轳，通过绞动拴系在梯子上粗绳，使梯子能够前后移动。车箱外面贴挂坚厚的牛革，用来保护车内的士兵。车的移动由车厢内的士兵完成，有点类似划旱船。云梯材质是竹子和木头，所以火矢是其克星。为防备对方火攻，人们常用不易燃烧的生牛皮包裹云梯，或在梯上涂抹泥浆。

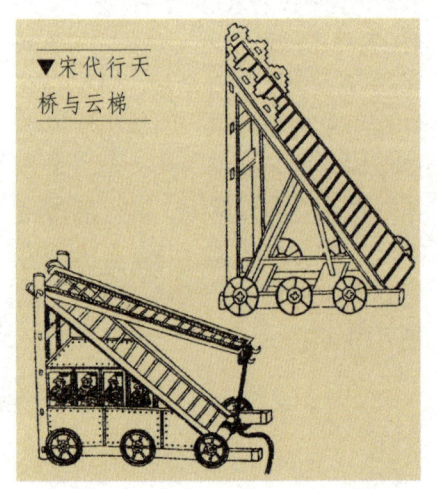
▼宋代行天桥与云梯

填壕车、攻城塔：纵横向突破的首选

要想彻底突破护城壕这样的障碍，填壕是最有效的选择。拥有一个既能装载填壕器物又能保护士兵的工具，成为攻城者的迫切愿望。南北朝时期，专门用于填壕作业的填壕车应运而生，并在许多攻城战役中大显身手。填壕车上装载土、石、草、木等物品，为便于抛掷，这些物品常用草袋盛装。当车推至护城壕附近时，打开窗口将填充物投入壕内。填充物的选择根据敌方守城武器而定，如果敌方大量使用火具，那么草木这些易燃物则少用或不用。泥土取之不尽，而且人财物力花费不多，所以土就成为填充物的首选。起初是将土装在草袋中抛出，但草袋遇火会燃烧。后来，人们在土中掺入水，做成易于搬运的土坯。

唐德宗建中四年(783)，叛将朱泚率军包围奉天(现陕西乾县)时，曾使用过一种巨型云桥。这种器械宽度达120米，外侧使用牛皮装甲，并用装水革袋覆盖，以防火攻。而且填充速度快，在很短时间内能突破屏障，使"天堑"变"通途"。这对守城一方来说，无疑是一种极大的威胁。为了对付这个庞然大物，守城兵士在靠城墙边上云桥必经之处挖了个大坑道，使得云桥坠入，然后投下马粪和干柴焚烧，阻止了敌人的进攻。

攻城塔是冷兵器时代攻城兵器的集大成者。明代《武备志》中将攻城塔称为"冲车""临冲""对楼"。它体型巨大，高度从10米到50米不等，上面装置了许多投射器械，可以平射，也可居高临下攻击。有的攻城塔设有活动木板，可以倾倒搭到敌城楼上，给士兵提供冲锋的跳板。攻城塔下安装有轮子，具有一定的机动性能。公元前398年，希腊战略家德尼斯.戴锡拉库斯的军队在攻莫提埃时，已拥有七层

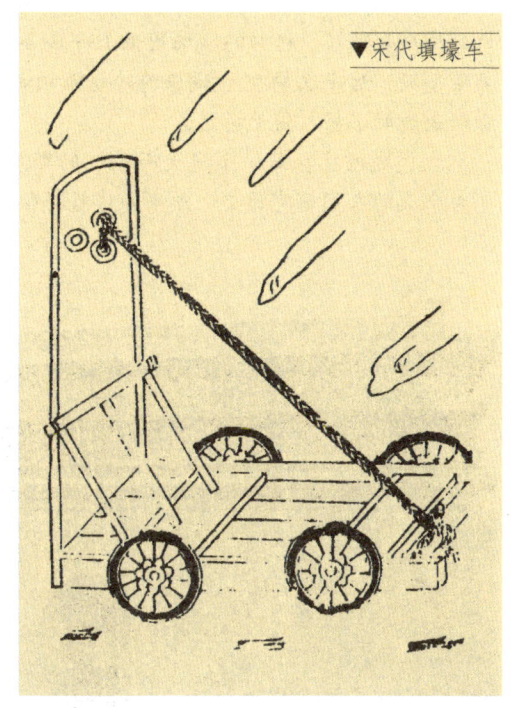

▼宋代填壕车

楼高的攻城塔。中国历史上最大的冲车出现在明代，为天启元年(1621)彝族酋长奢崇明围攻成都时所用，该车高3米，宽150米，车中可容纳几百名士兵。由于车体巨大，只能用牛拉。守城明军使用抛石机射击，牛群受惊，冲车未能组织起有力进攻。

《墨子》：攻城术的专门著作

东周以降，由于以攻城灭国为目标的兼并战争不断升级，攻守城战日益频繁激烈。特别是春秋时期，战车、弓弩、抛石机等大量武器运用于攻城，攻城器械自然得到长足发展，攻城装备和方法迅速改进，军事机械发明创造出现了高潮。

攻城器械林林总总，不同国家和民族各有侧重。《墨子》把攻城战术分为临、钩、冲、梯、堙、水、穴、突、空洞、蚁傅、轒辒、轩车十二大类，同时提出相对应的防御技术。这些攻防技术，一直被沿用到17世纪。

根据墨子的观点，可将攻城器械的功效作用概括为四大功能：破坏城墙和击杀守护者的破坏功能，以横向跨越壕沟、纵向攀爬城墙为主的越障功能，保证己方安全接近城堡的掩护功能，以敌情侦察、后勤保障为重点的战勤服务功能。

历史上的攻城器械，在一些大国发展得更为充分。其中，中国的春秋、战国、唐宋等朝代，欧洲的荷马、希腊、罗马等时代，都是攻城兵器发展的黄金时期。随着火器时代的来临，这些古老的攻城武器很快湮没于历史烟尘。

中国城墙

　　城墙指旧时农耕民族为应对战争，使用土木、砖石等材料，在都邑四周建起的用作防御的障碍性建筑。起初的城墙用黄土分层夯打而成，最底层用土、石灰和糯米汁混合夯打，异常坚硬。后来又将整个城墙内外壁及顶部砌上青砖。城墙顶部每隔40～60米有一道用青砖砌成的水槽，用于排水。

　　古代城垣往往是一个庞大而精密的军事防御体系，显示出古代劳动人民的聪明才智，也为今天的人们研究历史、军事和建筑提供了不可多得的实物资料。

▲西安古城墙

先民的城墙

　　到龙山文化时期，父系氏族社会已初具规模。也许是男性在武力上具备天然优势，这个时期的氏族部落间争斗非常频繁。这个时候，要想防御敌人入侵，仅靠壕沟是不行了，因为聪明的敌人可以借助器械，轻而易举地翻越过去。既然往下挖不行，那就往上升，先民们便开始修筑城墙了。

　　通过河南安阳后屯和内蒙古包头东郊阿善等遗址，可以看到这些城墙。当时的城墙宽不过4米，高不过2米，或用泥土夯实，或用石块垒起，规模很小，工艺非常简陋，有点像现今农家的院墙。由此可以推测，当时氏族部落间的战争，大抵也就是群殴械斗的水平。

　　这些城墙今天看来不值一提，但先民们在修建时，可没少下气力，而且肯定是当时的最高水准，用现在的话说，绝对是重点战备工程。从功能上看，它与万里长城没有本质区别，只是长得小巧了一点。

　　龙山文化中晚期，也就是五帝时代，随着部落的兴盛，真正意义的城池开始出现了。作为其中代表的平凉台古城，形状已经采用了正方形，说明城市布局有了统一的规划，城墙总长740米，墙高6米左右，根部厚13米，顶部宽达8～10米，可容纳大部队的调动和战斗。此墙的修筑采用了先进的板筑法，即先夯筑陡直内墙，两侧再以护城坡加固，此法可在增加高度的同时，抑制坡度的同步增长，使城墙较为陡直难攻。而随着这类较高大城墙的出现，为避免因土质问题造成塌陷，地基就成了工程中必不可少的一项。

国家出现以后的城墙

公元前21世纪末,夏成为中国历史上第一个帝国。但帝国的建立并未促进夏代城防设施的发展,平凉台古城的防御水平终其历史也未被超越。直到商代初期,墙根厚度20米左右,高度达到10米左右的城墙,才在夏代以来面积急剧膨胀的城市四周耸立了起来。此时的城墙不但更为高大,而且做工也更细致。护城坡经过铲削平整后,会铺上防雨水冲刷的碎石。内墙夯层间设有夯窝,使夯层嵌接,城墙更加牢固。

▲平遥城墙

城上远射兵器射之所及便是城防圈的边缘,在此范围内的城外地物一律铲平,以扫清射角和视线。

攻城技术的突飞猛进,给守城技术以最直接的目标牵引。一些城池开始采用悬板夯筑法,城墙已不再需要护城坡,因此愈加陡直。而女墙、角楼、悬门、瓮城、单层城楼和吊桥等新式工事也一一登场了。女墙可以隐蔽守军行动,遮挡临车攻击。角楼建在城角,用以抵御可能遭受的两面夹攻。悬门吊于城门洞中部,待敌军破门后紧急落下,可将其一分为二各个击破。瓮城是主城城门外的半座小城,墙与主城等高,瓮城城门偏设,使主城守军也能射杀到攻门敌军,而一旦敌军破门进入瓮城,更会陷入四面居高临下的夹击。城门之上建单层城楼,是城门争夺日趋激烈的表现。

长城

长城是我国古代劳动人民创造的奇迹。长城全长约12600公里。自战国时期开始,修筑长城一直是一项大工程。据记载,秦始皇曾使用了占全国人口1/20的劳动力修筑长城。

"因地形,用险制塞"是修筑长城的一条重要经验,在秦始皇的时候已经把它肯定下来,司马迁把它写入《史记》之中。以后每一个朝代修筑长城都按照这一原则进行。关城隘口都选择在两山峡谷之间,或是河流转折之处,或是平川往来必经之地,这样既能控制险要,又可节约人力和材料,以达"一夫当关,万夫莫开"的效果。

▶长城

欧洲城堡

自石器时代开始,人们就一直使用防御工事和土木工程。在公元9世纪以前,欧洲从未出现过真正的城堡。由于要反抗维京人的入侵,加上分散的封建政治势力形成,从公元9世纪到15世纪之间,数以千计的城堡遍布了欧洲。欧洲第一座城堡建于公元9世纪法国的西北部。在1905年,仅法国一国的城堡数量就超过1万座。

城堡就是领主在自己领地上的家,是附近村庄的贸易中心,也是驻守军队的要塞。早期的城堡十分简陋,建在高地上,用粗木搭造主楼,外围木栅栏就是城墙。后来的骑士们先后用石料和砖建造城堡,这种材质的城堡不仅坚固,而且防火。15世纪后,由于贸易自由化,大航海时代到来,辖区人口迁移,从贵族到贫民都开始追求更开放、更舒适的生活,不愿缩在狭小的城堡中,城堡变得不再那么重要了。另外,大口径火炮的出现,使城堡的军事地位逐渐消亡。

城堡防卫的基本要点是尽可能让攻城者陷入最高的危险并暴露最多的敌情;相对地,要把防卫者所承受的风险减至最低。一个设计优良的城堡,能够以很少的兵力作长期而有效的防卫。拥有坚固的防御,可以让防卫者在补给充足的条件下力守不屈,直到攻城者被前来解围的军队逐退,或是让攻击者在弹尽粮绝、疾病交加情况下被迫撤离。城堡含有以下防御设施。

要塞、城墙:占据地利之便

要塞是一个小城堡,通常复合在大城堡里面。要塞主要作防御之用,通常由城堡属民执行防守。如果外城遭敌攻陷,防卫者可以撤守至要塞中作最后的防御。许多著名的城堡,都是从要塞盖起,有的要塞原本便是防御工事。随着时间演进,这个复合建筑逐渐向四周扩建,包括外城墙和箭塔,以作为要塞的第一道防线。

▲骑士出没的欧洲中世纪城堡 ▼欧洲城堡外观

欧洲城墙大都为石制,具有防火以及抵挡弓箭等投射武器攻击的功能。敌军如果缺少云梯和攻城塔,很难爬上陡峭的城墙。如果城墙建筑在悬崖等陡峻之处,防御价值会大为提高。城墙上的城门和出入口一般都非常小,以提高抗击打能力。

箭塔、城垛:探身墙外攻击

箭塔是建在城角或城墙上的坚固据点。间隔相对固定。箭塔突出在城墙外,

▲欧洲古老护城河

以便防卫者对外射击。城堡一开始时只是一个简单的箭塔，后来逐步增多。

城垛是城墙上方设置的木制平台，在攻击期间，木制平台会从在城墙或箭塔的顶端伸出，让防卫者直接射击墙外的敌人。平台保持湿润来防火烧。

壕沟、护城河和吊桥：人为设置屏障

壕沟挖掘在城墙底部，环绕整个城堡，并尽可能注满水，形成护城河。穿着盔甲的士兵掉到水里，很难生还。护城河的存在，也增加了敌人挖掘地道的难度。有的攻城者在开战之前，总要设法将护城河的水排开并填平，再用攻城塔或云梯攻击。

吊桥可横跨护城河或壕沟，让城堡居民在需要的时候进出。遇到危急时刻，吊桥吊起。

闸门、外堡：打击入城之敌

闸门是木制或铁制的活动栅栏，位于城门的通道上。城门是一个有内部空间的门房，是防卫城堡的坚固据点，守城者可以透过一条隧道从城门通道到达门房。在隧道的中间或两端，设有一层或多层闸门，可以吊起或落下。攻城者一旦进入，闸门便落下，以阻碍敌人行进并实施攻击。

外城门和内城门之间的开放区域称作外堡。它由城墙包围，用来让穿越外城门的入侵者落入陷阱。攻城者一旦到了外堡，往往沦为弓箭和其他投射武器的攻击目标。

▼欧洲中世纪城堡的外堡

战争视角的欧洲城堡

城堡的历史，就是割据称雄、长期纷争的历史。那些尊卑不等的诸侯，怀着戒备与觊觎的复杂心态，忙着争权夺利，一统霸业，以致兵连祸结、战乱频频。在当时的条件下，要巩固地盘，要兼并别人，最好的办法就是修筑城堡。在欧洲大陆上，诸侯们竟相竭尽所能，开山采石，昼夜奔忙，一座座城堡纷纷矗立起来，消耗无数人力、财力、物力。无论是威震一方的霸主，还是称雄一方的豪杰，或是占山为王的强盗，都和他的残剑马镫一起委于泥土、灰飞烟灭了。只有那些残垣断壁的城堡，让人们依稀记得曾经的风霜雨雪，曾经的战乱炮火。

防护自保：修筑城堡的最初目的

建造城堡是为了防护，并提供一个由军事武力所控制的安全基地，以便控制四周的乡间地区。当国王的中央权力因各种原因而衰落后，它们所支援的军事武力，反而在政治上提供了相对的稳定性。

从公元9世纪开始，豪门贵族开始以城堡占据欧洲。早期城堡建造大多简单，后慢慢发展为坚固的石材建筑。它们多属于国王或国王的臣属，虽然贵族辩称是受到蛮族威胁才建造城堡，但事实上他们用它来确立对地方的控制。这种情况经常发生，因为欧洲地区没有战略性的防卫地形，且当时也没有一个强大的中央集权政府。

遍布的城堡和为了防卫而存在的大批士兵，不仅没有带来和平，反而增大了战争发生的概率。

9世纪出现的土岗——城廓式城堡以后，一直到14世纪的砖石结构城堡，这个期间的城堡不包括古罗马的防御工事。城堡之所以在这个时间出现，主要是因为当时欧洲经济从游牧经济向农耕经济转变，人们的财产、住所固定了下来，所以需要坚固的城堡来保护他们的生命和财产安全。虽然这期间的城堡发展走的是一条独立的道路，但是古罗马的城堡建设技术和防御性战争的理念或多或少地影响着中世纪城堡的发展。很多中世纪的城堡，人们为了免去挖地基这个麻烦的事情，将其修建在已经废弃的古罗马城堡遗址上。14世纪以后，伴随着火器的诞生，城堡逐渐失去军事作用而成为世俗居所，但是中世纪修建城堡时诞生的建筑思想和风格仍然影响着后世。

▼英国温莎城堡

知名城堡：凝固了刀光剑影

英国温莎城堡 人们习惯将温莎堡所在的小镇称为"王城"，这座小镇的历史比城堡的历史悠

▲法国圣米歇尔山城堡

久得多，最早建造于罗马人统治时期。

温莎堡是英国至今为止仍有人居住的最大城堡，1070年征服者威廉为了巩固伦敦以西的防御而选择了这个地势较高的地点，建造了土垒为主要材料的城堡，经过后世君王亨利二世和爱德华三世的不断改造，城堡越来越坚固，并且逐渐成为展示英国王室权威的场所。

英国利兹堡　利兹堡位于伦河河谷中，建造于公元857年。它曾是英国皇室的乡间别墅，深受王后们的宠爱，被称为"王后的城堡"。它在英国历史和建筑史上享有盛名，又有"城堡中的王后"之誉。

莎士比亚的四大悲剧之一的《麦克白斯》，就是以该城堡为背景写出的，剧中战斗场面就是发生在该城附近的一场战争的真实写照。

法国圣米歇尔山堡　圣米歇尔山为法国著名古迹和基督教圣地，位于芒什省一小岛上，距海岸两公里。公元8世纪，圣米歇尔神父在岛上最高处修建一座小教堂城堡，奉献给天使长米歇尔，成为朝圣中心，故称米歇尔山。公元969年在岛顶上建造了本笃会隐修院。

在1337～1453年的英法百年战争中，曾有119名法国骑士躲避在修道院里，依靠围墙和炮楼，抗击英军长达24年。因为每次只要坚守半天，上涨的潮水就会淹没通往陆地的滩涂，为守卫者赢来宝贵的半天休息时间。凭借得天独厚的自然环境，此岛成为该地区唯一没有陷落的军事要塞。

罗马尼亚德古拉堡　位于罗马尼亚中西部，国王伏勒德·德古拉于1377年开始兴建，是传说中吸血鬼的聚集地。原本用作抵御土耳其人的防御工事，后逐渐成了集军事、海关、司法于一身的政治中心。

城堡建在一个小山包上，背靠大山，视野很好。杀人无数的伏勒德害怕有人报复，将城堡的大门改建成了城墙，如进入城堡，只能沿着上面扔下来的绳梯爬上去。

城堡的4个角楼用于储存火药，装有活动地板，用于向敌人泼洒热水。角楼之间有走廊相连，走廊外墙上留有射击孔，使整个城堡成为一个严密的战斗堡垒。

德古拉堡历史上发生过好几次大战，不少士兵惨死城堡内外。经历数百年岁月沧桑，恐怖的鬼魂传说依然萦绕其间。

苏格兰爱丁堡城堡 爱丁堡是一座黑色的古堡之城，是苏格兰的首府。爱丁堡城堡是爱丁堡市的象征，是苏格兰的精神支柱。

▲罗马尼亚德古拉堡

它筑于一个海拔135米高的死火山岩顶上，一面斜坡，三面悬崖，只要把守住城堡大门，便固若金汤。城堡内著名的MonsMeg炮，于1449年在比利时建造，经过200多年多次战役后，于1829年重回爱丁堡。爱丁堡城堡内的军事监狱，曾囚禁拿破仑的军队，墙上仍留存着法国士兵抓刻的指痕。

爱丁堡曾是苏格兰的政治、文化中心，政治和军事斗争使它始终处在中心角色的位置。城堡中的大炮、城墙和战争纪念馆，反映了苏格兰和英格兰的漫长的争斗史。

▼欧洲卡尔卡松城堡

西班牙塞哥维亚城堡 塞哥维亚城堡位于西班牙北部城市卡斯提尔的要冲上，临崖而建，视野绝佳，入口有10多米深的护城河。

城墙上有十字架球形箭眼，方便弓箭手从各个角度发射，枪眼突出于城垛下方，可以从这里向攻城的士兵泼洒沸水、沸油，或发射火箭等大杀伤力武器。

城堡的中心地带，筑有加强防御工事的主堡，也是居住在这里的贵族家族成员的主要活动场所。西侧塔楼和主堡同一时期设计建造，多年来一直作为城堡的军械库使用。

德国海德堡城堡 历史上海德堡地区很早就有凯尔特人定居，后来罗马帝国在此建筑军事要塞。"海德堡"这个名字于1196年正式出现在历史文献中，当时它是个小城邑，1214年开始成为法尔茨选帝侯的宫邸所在地。其后几百年间，海德堡虽不断被争夺，饱受战争破坏，但得到了快速发展。

1386年海德堡大学设立后，逐步成为当时欧洲的政治、经济、文化重镇。在第二次世界大战时期，海德堡幸运地躲过了盟军飞机的轰炸，据说是因为盟军空军上层中，有些人曾经是海德堡大学的学生。

捷克布拉格城堡 布拉格城堡建于公元7世纪，是捷克皇家宫邸。位于首都布拉格伏尔塔瓦河西岸拜特申山上，由圣维特教堂和大小宫殿组成。

15世纪和17世纪，由于宗教原因，布拉格先后发生2次"掷出窗外事件"，分别引发了胡斯战争和欧洲三十年战争。1621年，在城外不远处进行的白山战役中，捷克军队战败，27名新教徒贵族在老城广场被处死。1648年，瑞典军队攻占并洗劫了布拉格，神圣的罗马帝国皇帝将宫廷迁往维也纳。

布拉格城堡过去是国王举行加冕礼的地方，今天，捷克人在此举行共和国总统的选举仪式。

▼欧洲城堡要塞

城池防守的基本设施

城池的得失安危至关重要，那么城池的坚固牢靠必不可少，为了实现固若金汤、攻不可破的目标，人们想了许多办法，城墙尽量高大，储备尽量丰富，防护尽量完善。中国古代从商到西周，城池防护一直在城墙的高大牢靠上大做文章，处于低层次重复建设状态，城防技术并无新的进展。主要原因是那个阶段进攻手段单一，且成功率不高，难以对守城技术改进形成直接刺激和有效牵引。

反映古代战争的影视作品中，经常有这样的画面：城墙耸立，城门紧锁，门前有一条护城河，城门口上安放吊桥，敌人进攻时，吊桥收起，己方出城时，吊桥放下，一支人马从中杀将而出。当城门破损时，守城士兵用装有刀具的两轮车，将破损处塞住，以阻止敌人侵入。影视作品固然有艺术加工的成分，但这些镜头，却与历史真实相似。壕沟吊桥、护城河、塞门刀车，是古代城池防守的基础设施。

壕沟、冯垣：最早的守城设施

中国最早的城防设施，出现在距今5000至7000年的仰韶文化时期。先民们在村落或住所周边挖上一两道壕沟，通过增加敌人近距袭击的难度，起到防范的目的。在当时的物质技术条件下，开挖壕沟也并不轻松，既然能够下定决心，说明了当时的人们已经有了定居的习惯，不再颠沛流离。

护城壕沟一般距墙根10米左右，为防止敌人泅渡过河，壕内常插入长短不一的竹刺，最长的低于水面约10厘米，以增强隐蔽性。秦朝时有的城池在护城壕上架设转关桥，这种桥只有一根梁，梁的两端伸出支于壕沿的横木，当敌人行至桥上时，拉动人力绞盘转动，使横木缩回，桥面便会翻转，

▼湖北江陵宾阳门瓮城

使敌人坠入壕内。

在护城壕后,有时会附加一道木篱或夯土的矮墙,称为冯垣。后面部署士兵,待敌军进入护城壕范围,配合城上守军,以武器杀伤或柴草熏烧。再向内,是宽 2.5 米左右的拒马带,用于阻碍敌军的云梯接近。最后,在距墙 2.5 米以内,安放 5 行高出地面半米的交错尖木桩,既可阻碍敌人攀城,也可刺死坠落之敌。

▲宋代行女墙

陷马坑、翻转机桥:伪装巧妙的陷阱

陷马坑是一种陷阱。据北宋《武经总要》介绍,这种陷马坑长 150 厘米,宽 90 厘米,深 120 厘米。为有效杀伤落入坑内的敌人和马匹,坑下设有许多削成尖的鹿角木或竹片。陷马坑上面覆盖松土和草,有时还在上面种上一些植物或禾苗,用以麻痹敌人。陷马坑设置在敌军前进路上,用来减缓敌人的行进速度。也常在城门前后布设,用以阻止和伤害接近或突破城门的敌人。陷马坑常采用密布的方式,其中,最常见的布阵是"巨"字形。这种布阵,能诱惑敌人躲过第一坑,而落入第二坑。即使迂回,也难免有陷阱之灾。

除了陷马坑,《武经总要》还介绍了一种翻转式机桥。机桥设置在城壕或陷马坑上面,当敌兵踏上时,受重量作用,机桥即发生横向翻转,使敌兵落入陷阱。攻城者为了防御这种圈套,常派遣少数士兵编成侦察队,一旦发现立即用劈柴等物填埋。这大概是世界上最早的"探雷"兵了。

塞门刀车、木女头:修补防御工事

古代城门的门板大多木制,所以就成了最易被攻破的部位,也是敌人重点攻击的地方。在攻城技术还不太发达的春秋时代,攻城战就是以攻破城门为重点。所以,才出现了塞门刀车这些新的守城兵器。

塞门刀车是一种与城门等宽的木制两轮车。为有效阻击敌人,车的前面配置有几排刀状锋刃。当城门被破坏,敌人冲入时,就用这种车堵塞城门,利用车前部的锋刀击退敌人。

▼宋代塞门刀车

在城墙或城门被突破,又无法阻塞突破口时,守城者往往利用城内街巷作最后抵抗。这时,塞门刀车也可以作为巷战的专用战车,可谓一车多能。

木女头是一种高约 1.7 米、宽约 1.5 米的木制品,下部装有车轮。当城墙上部的女墙被敌人破坏时,就把此车推到破坏处,代替女墙使用。

血与火的考验

经年累月的鏖战，使战国成为中国历史上城池防守的黄金时代。南宋城池防守也可圈可点，主要原因是偏居一隅，时刻面临北方元军的军事威胁，亡国灭种的危险，使得孔武之气荡然的统治者在醉生梦死中，有了难得一见的冷醒和作为。重庆合川钓鱼城军民，曾坚守城池十多年，而且最后沦陷也非元军武力，而是源自守将开城投降。

古代外国守城技术也很发达。举世闻名的特洛伊城围攻战，先后打了十年之久，最后希腊人使用"木马计"，才攻破了城堡。

叉竿、抵篙、钩索、缚木索：将敌人推下去吊上来

叉竿或抵篙是用来对付云梯的专用兵器。前端呈两股叉状，长约6米，当敌人使用云梯搭挂城墙时，这些兵器的锋刃或长柄可用来阻止或破坏。由于前端分叉且有锋刃，所以也常常用作格斗兵器。另外，撞车也是对付云梯的利器。前端放置装有铁尖的重木棒，相当于将一根大狼牙棒横放在车头，由于冲击力比较大，可以撞倒云梯。

钩索是一种由长竿、绳和抓钩组成的装置，使用者像钓鱼那样，把绳从城墙上垂下，钩住围城士兵后，将他抛离地面或是拖进城堡击杀。缚木索是在长木棍的一端装上钩子或叉子，用来破坏或移动撞城木及螺旋机的一种兵器。飞钩是在绳索一端绑上铁抓钩，扔向敌人，将其钩上来击杀的一种兵器。当然，飞钩有时也会用于攻城。太平天国时期，太平军二破武汉时，陈玉成曾亲率敢死队，用飞钩夜间偷袭得手。

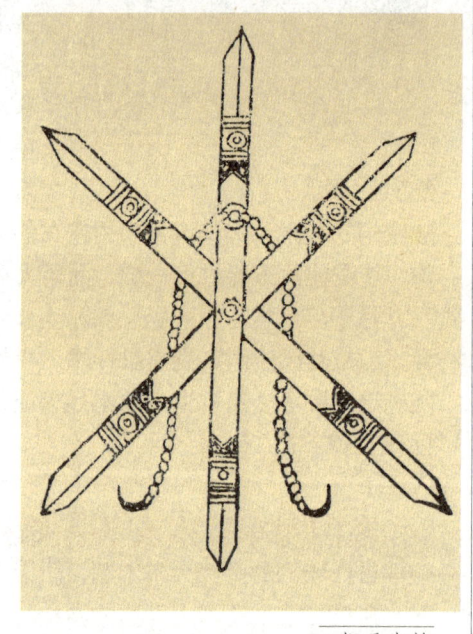

▲拒马木枪

滚木、礌石、狼牙拍：不死也得脱层皮

从城墙上投下重物击退敌人的战术，自从有了攻城战那一天就开始使用。最初使用的是滚木和礌石。滚木是用于防卫堡垒、高地时，从高处投放或滚放的长粗圆木。礌石是从高处推下撞压敌人的石头。这两种都是最为原始的守城器械。后来人们在战争实践中，不断创新，制造了滚檑，包括木檑、泥檑、砖檑等。木檑长一米左右，基本材料为剥了皮的原木。为了提高杀伤力，往往选取材质重而硬的木种，并在上面固定很多钉状突起物。泥檑用掺入猪马鬃毛的泥土制成圆筒状，加热而成。长度为60～90厘米，直径15厘米左右。砖檑是一种断面呈齿轮状的棒，由黏土烧制成砖，长约一米，直径约18厘米。

这些滚檑，只能一次性使用。由于原材料是泥或黏土，可以就地取材，而且制造工艺简单，因此守城者担心的不是数量不够，而是使用太多，一旦堆积如山，就等于给敌人搭成了一个攀越的平台。为了防止被敌人利用，也为了省去制造的麻烦，守城者会将这些器物用绳子穿起来，以便能够反复使用。为了节省体力和悬挂更重的滚檑，人们发明了车脚檑，使用人力绞盘代替手拉。

狼牙拍的制造方法为，在一块 1.5 米见方的榆木板上，密布数百个长 15 厘米的铁钉，前后装上铁环，用粗麻绳拴连。使用时，从城墙上投下，杀伤攀登城墙的敌人。

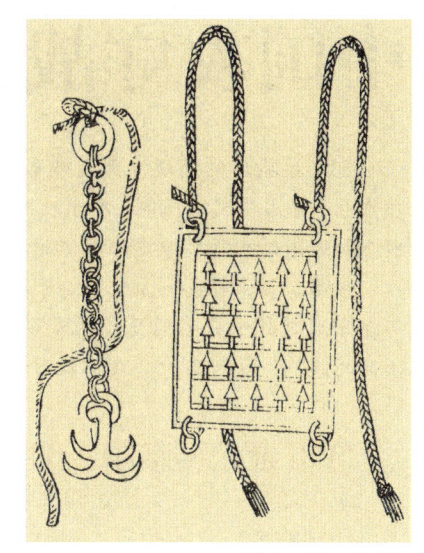

▲飞钩与狼牙拍

铁火床、行炉：纵火器具火爆登场

火攻战术在中国有悠久的历史，《孙子》中专门有火攻篇。战国时齐国田单用火牛破燕，三国时吴国周瑜在赤壁火烧曹军战船，都是火攻取胜的著名战例。传统的火攻器具主要是带燃烧油脂的火箭，以弓弩发射；也使用火兽、火禽和火船。

对守城一方来说，火也是很好的守城工具。古代有一种简单奇特的守城兵器，把点燃的干草束从城墙上投下，烧杀攀城敌军，或破坏冲车等攻城兵器。也可用作夜间警戒或进行夜袭照明使用。唐宋时出现的"铁火床"和"铁嘴火鸡"，便是这种器械的代表。铁火床是一个长约 1.5 米、宽约 1.2 米的铁架，在格栏上捆扎上干燥的草束，点燃后用绞盘把它从城墙上放下去，烧杀攻城敌军或兵器。铁嘴火鸡是捆起来的干草束，为易于燃烧而掺入火药，使用方法和铁火床一样。

从城墙上投下的，不单单是固体，有时也使用气体和液体。有的在火药里混合上毒药，制成"毒气弹"；有的把铁、铝加热成液态状，甚至直接加热粪尿，这类器械叫做"行炉"。气体和液体可从攀登城墙的士兵铠甲等空隙渗入身体，很难防范。高温金属溶液杀伤力最大，而滚热的粪尿不仅有灼伤效果，而且使受伤部位容易化脓。气体和金属溶液体不能回收再用，一旦久困城内，粪尿常常成为最好的武器。清军围攻昆山时，在城墙根部扎营，守城军民曾用滚热的粪汤倒下，清军的帐篷被烫透，而且人员多有死伤。

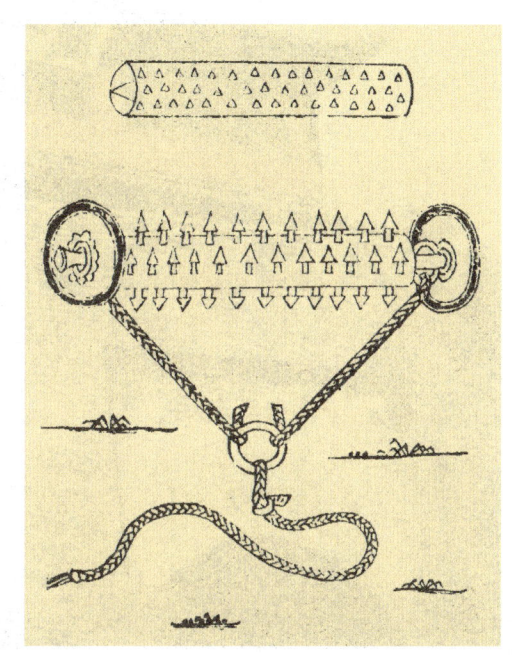

▶檑木与夜叉檑

中国攻守战例

重型攻城器的涌现，大大丰富了攻城战术。原先单纯的人海战术，已转变为攻城塔特种作业、抛石机火力压制、冲车攻敌软肋、单兵钩索攀城的联合作战。等到战国时期，云梯、水淹和地道的出现，中国冷兵器时代的攻城战术就算基本齐备了。

相对来说，守城一方总是处于被动地位，但也并非无所作为。许多将领，甚至一些文官，都在守城之战中有不同凡响的表现，在中国战争史上留下浓墨重彩的一笔。透过这些堪称经典的战例，可对当时的攻守双方的兵器有一个大致了解。

守卫雍丘、睢阳：6000人对抗13万人

安史之乱中期，安禄山的叛军在扫平河北后，挥师南下，攻克洛阳，直逼潼关。同时派唐朝的降将令狐潮领兵四万进攻雍丘（今河南杞县）。雍丘附近的真源县县令张巡招募了一千来人，先行占领雍丘。

叛军在城周围架设了百余门大炮。架梯登城。张巡命令士兵把野蒿浇上油，顺城墙往下投，打退叛军。他戴甲而食，裹伤复战，率领将士打退叛军三百多次进攻，令狐潮不得不退兵。

过了两月，令狐潮又领兵来攻雍丘。叛军不断攻城，城里的箭用尽。一天深夜，张巡命令士兵扎好上千个草人，裹以黑衣，用绳子从城头吊下。叛军

▼山海关

▲河南睢阳张巡祠

不断向草人射箭，张巡净得几十万支箭。这可谓是陆地版的向敌借箭。第二天晚上，张巡选了500名士兵，仍用绳子吊下城。叛军以为又是草人骗箭，笑而不理。于是这500人趁敌不备，直袭令狐潮大营，令狐潮来不及组织抵抗，几万名叛军四下逃窜，一退十几里。就这样，雍丘军民一直坚持防守一年多。

后来，睢阳（今河南商丘）危急，太守许远要张巡前来援救。张巡赶到睢阳，与许远兵合一处，不过6000余人。许远虽官职更高，但知道张巡善兵，就请张巡来指挥守城。虽说双方兵力悬殊，但张巡带兵坚守，和叛军激战了十六天，俘获敌将60多人，歼灭2万多人，使对方不得不退兵。

城外的叛军越聚越多，城里的守军越打越少，到后来只剩下1600多人。还断了粮食，士兵们连树皮、茶叶和纸张都吃，一个接一个饿倒。城里所有的将士和老百姓明知道守下去毫无希望，也没有一个人叛逃。到了最后，全城只剩下400余人，叛军用云梯攻城，城头上的守军饿得连拉弓箭的力气都没有了。睢阳城终于陷落，张巡、许远、雷万春、南霁云等36名将领被俘。他们拒不投降，全部被杀。

睢阳陷落的第三天，河南节度使张镐带兵赶到，打退了叛军。七天后，郭子仪收复洛阳。由于睢阳的死守，整个江淮地区安然无恙。

▲太平军所用铜炮

晋阳之战：滚滚汾水冲开战国帷幕

晋国后期，有赵、韩、魏、智四大贵族集团。智氏的智伯专断国政，在四卿中实力最为雄厚。智伯是一个没有政治眼光、贪得无厌的贵族，他恃强凌弱，从韩氏和魏氏那里各强行索要了一个大县。得陇望蜀的智伯接着向赵氏索取土地，赵襄子不甘心受制于智伯，坚决拒绝。

恼怒的智伯于周贞定王十四年（公元前455年）举兵伐赵，胁迫韩、魏两家协同。赵襄子采纳谋臣张孟谈的建议，选择民心向赵，并在预有准备的晋阳城（今山西太原西南）进行固守。

智伯统率三家联军猛攻晋阳三月不下，又围困一年仍多未克。联军顿兵坚城之下，渐渐趋于被动。而晋阳城中军民却是同仇敌忾，士气始终高昂。智伯苦苦思索，终于想出引汾河水淹灌晋阳城的计策。他命令士兵在晋水上游筑坝，造起一个巨型蓄水池，再挖一条河通向晋阳城西南。又在围城部队营地外筑起一道拦水坝，以防自己人马被淹。工程竣工后，正值雨季来临，河水暴涨。智伯下令开坝放水，大水奔腾咆哮直扑晋阳城。城内军民支棚而居，悬锅而炊，病饿交加，情况十分危急。

滚滚洪流使得韩、魏清醒地认识到，如果赵灭亡了，唇亡齿寒，下一个被兼并的就是自己，于是消极作战。赵襄子抓住这一矛盾，派遣张孟谈乘夜潜出城外，秘密会见韩康子和魏桓子，说服韩、魏两家暗中倒戈。

赵、韩、魏三家经过密谋，在一个夜间展开了行动：赵襄子在韩、魏的配合下，派兵杀死智伯守堤的官兵，掘开了卫护堤坝，放水倒灌智伯军营。智伯的部队从梦中惊醒，乱作一团。赵军乘势从城中正面出击，韩、魏两军则自两翼夹攻，大破智伯军，并擒杀智伯本人。三家乘胜进击，尽灭智氏宗族，瓜分其土地。

▼太平天国领袖洪秀全石像

智伯的失败，在很大程度上是他咎由自取。他恃强凌弱，一味迷信武力，失却民心，在政治上陷入了孤立；他四面出击，到处树敌，在外交上陷入了被动；在作战中，他长年屯兵于坚城之下，白白损耗许多实力；他昧于对"同盟者"动向的了解，以至为敌所乘。当对方用水攻转而对付自己时，又惊恐失措，未能随机应变，组织有效的抵御，终于身死族灭,一败涂地,为天下笑。

晋阳之战不仅奠定了魏韩赵三家分晋的的格局,成为揭开战国历史帷幕的重要标志,而且作为古代水攻的典范战例,对中国战争史产生了深远影响。

1400多年后,宋太祖赵匡胤亲征太原,引汾水和晋水灌城,做法与前智伯水灌晋阳如出一辙。

攻陷天京:地道里的惊天爆炸

曾国荃是晚清湘军统帅曾国藩的弟弟,在攻占天京的战斗中任前敌指挥。当时湘军和李鸿章的淮军、左宗棠的楚军同为清王朝的三支主力部队。湘军没有大型炸炮,只好挖地道攻城。太平天国将领李秀成当初围攻曾国荃时,曾经想用地道攻克敌营,但屡屡被湘军破坏。这一次攻守易位,李秀成便以其人之道还治其人之身,开水灌、毒烟熏、篝火烧、火药炸,清军每次都要死伤百十人。

有一天,地道已挖过城根,太平军没有觉察。恰好有个太平军士兵用枪插地,地道里的湘军见枪头入地,以为已被发觉,一着急抓住枪往里拖,太平军知道清兵已到地下,马上迎击,清军未能得手。李秀成还经常登在城楼上遥望,根据地上草的颜色,判断底下是否有地道。因为地道是用来装药轰城的,挖深了爆破效果不好。而一旦浅挖,草根就会受伤,草色便发黄。清军挖了大半年,炸药费花了十多万,工兵死了一两千,南京城还是完好无损。曾国荃气得肝病复发,身心俱坏。

▲清军使用的防护板

不久,湘军攻下钟山之巅,马上架上三组巨炮,日夜对城轰击。炮弹日夜不息地纷飞,李秀成无法立足城头看草色猜地道。同时曾国荃安排步兵手持柴草扔掷到城下,表示将由此登城,这一障眼法成功诱骗了李秀成。工兵连挖十五天,终于挖到城根,在地道顶部填装3万斤火药,用大石堵住,留一小洞安放用好几丈的粗竹做成的引线。同治三年(1864)六月十六日午后,随着一声天崩地塌的巨响,南京城墙被炸得脱离城基,天京宣告沦陷。

欧洲攻守战例

城堡攻防战十分惨烈,因为其往往是决定一个地区性战役胜负的关键。英法百年战争(1337～1453)和英国红白玫瑰战争(1455～1485)就是骑士与城堡攻防战的经典演绎,其不仅在军事史上记录了一系列的攻防战术战例,而且留下许多英勇悲壮、可歌可泣的骑士战斗故事。

与中国相比,欧洲的城市攻防战同样古老而激烈。公元前1350年左右,巴比伦王国衰退,亚述人在

▲15世纪的英国无敌舰队

国王尼拉利统帅下迅速扩张,建立起强大的军事帝国,定都亚述。之后数百年,亚述人用四轮战车、羊角锤等攻城武器洗劫他方领土,成为著名的东方大帝国。

亚述帝国攻城则主要采用弓箭盾牌掩护、架设云梯攀爬,活动塔辅助、破城锤撞击,以及投掷手和弓箭手压制、挖掘墙基打通入内三种办法。古代中国则采用强力进攻、高处压制、地道开挖、引水淹城四种办法。两相比较,不难发现,这其中有许多相似之处。

1215年英国约翰王对曼切斯特城堡中百名反叛骑士与守兵的防守,就是命令首席政法官胡伯特日夜兼程送来40头最肥的猪,用猪油与木头在坑道中猛烧,使城堡高楼围墙大段倒塌而攻破之。1244年阿尔比派主教围攻蒙特塞格城堡时,用抛石机日夜不停地向城墙同一点发射重达40千克的投掷物,最后终于击破一个豁口。这些路数,与古代中国也相差无几。当然,也有一些有别于东方民族,显示出独特的韵味。

▼温泉关战役

肉搏温泉关:希腊最有名的守城战役

公元前492年至公元前490年,波斯军两次远征希腊,均遭失败,但并未就此罢休。新即位的国王薛西斯一世继承先王的遗志,积极扩军备战,准备更大规模的远征。希腊人为抗击波斯再次入侵,于公元前481年结成以斯巴达和雅典为首的有30多个城邦参加的军事同盟,推举拥

有强大陆军的斯巴达为盟主,组建希腊联军,准备迎敌。

公元前480年,薛西斯一世亲率波斯军10余万人、战船1000余艘,渡过赫勒斯滂海峡,分水陆两路沿色雷斯西进,迅速占领北希腊,南下逼近温泉关。希腊联军统帅斯巴达国王列奥尼达闻讯后,急忙率领先期到达的7000名希腊联军,扼守温泉关。这里地势险要,只有一条东西走向的狭窄通道。西端被称作"西门",易于部队攀援通过。进入西门后,通道变宽,沿通道前行约3.5千米,山势突然升高,形成千米高的悬崖峭壁,悬崖下面是波涛汹涌的大海,其间只有宽约1.5米的过道,人称"中门"。距中门约3千米处山势渐缓,此处称为"东门",与中希腊平原相连。温泉关沿岸与隔海相望的狭长岛屿优卑亚之间,是一条狭窄的海峡;易于筑起海上壁垒阻挡波斯舰队。列奥尼达把6000名官兵配置于狭窄通道一线,令1000名官兵把守温泉关山后的小道,以防波斯军从后面偷袭。

起初,薛西斯一世以为凭着波斯军人多势众就能把希腊守军吓跑。但一连4天希腊人始终严阵以待。薛西斯见威慑不行,便下令进攻。波斯军虽人数众多,但在狭窄的通道上施展不开。一连几次进攻都被希腊守军击退。恼羞成怒的波斯王命令其精锐的"万人不死军"发起强攻也未奏效。希腊人越战越勇,顽强据守2天,波斯军屡攻不克,死伤甚众。薛西斯一世一筹莫展,正在无计可施之际,当地一希腊人却跑来指给他通往温泉关背后的一条小路。薛西斯一世喜出望外,遂任命这位希腊人为向导,傍晚让他带领自己的精锐部队从温泉关背后包抄过去。守在这里的希腊部队因为一连几天无情况,以为波斯人根本不会知道这条小道,疏于戒备。待到波斯人的脚步声把他们惊醒时,再组

▼元代水军征伐日本

织抵抗为时已晚。

列奥尼达在腹背受敌的情况下,为保存实力,命令联军主力撤退,自己率领300名斯巴达人留下来拼死抵抗。第三天清晨,斯巴达人在列奥尼达指挥下与疯狂进攻的波斯军在中西门之间展开殊死搏斗。长矛断了用剑砍,剑折断了用石头砸,用拳头打,用牙咬。列奥尼达奋不顾身,勇猛杀敌,最终不幸阵亡。斯巴达人为了保护国王的尸体,击退波斯军四次冲击。最后,斯巴达人在波斯军的前后夹击之下全部壮烈牺牲,以自己的生命掩护了希腊联军主力的撤退。波斯军以损失2万人的代价才攻破温泉关。

巨炮、帆船夹击:攻陷君士坦丁堡

1453年,土耳其苏丹穆罕默德二世,率17万步骑及320条战舰全面围攻拜占庭首都君士坦丁堡。君士坦丁堡横跨欧亚两洲,南临金角湾,北靠马尔马拉海,沿岸筑有高大的城墙和塔楼,依山傍海,易守难攻。当时拜占庭帝国只剩下千年古都君士坦丁堡一隅之地,城内一万名军民孤注一掷,誓与古城共存亡。他们在金角湾入口处,用粗大的铁链横锁水面,阻止敌船驶入。在城堡的西面陆地上筑了两道坚固的城墙,城墙上每隔百米筑一堡垒,墙外挖了很深的护城壕。

土耳其军队在西城墙护城河抢架浮桥,并试图用云梯强攻,被击退,损伤惨重;土耳其军舰亦试图冲进金角湾,不料金角湾被拜占庭军布下铁索阵,战舰无法近岸;外海展开海战,拜占庭海军凭20余艘巨舰冲击土军数百军舰的封锁线,土耳其海军居然毫无便宜可占。眼看战况毫无进展,穆罕默德二世下令用火炮集中轰击君士坦丁堡城墙的薄弱处,重达500千克的炮弹,不停地向城墙呼啸而去,这是欧洲历史上的第一次大规模炮击。惊雷般的炮声日夜不停,两周之后,坚厚的城墙经不住大炮的轰击,不断崩裂,土耳其军乘机发动总攻冲击突破口。拜占庭人集中城墙塔楼的炮火,将冲入城内的第一股土耳其士兵全部围歼。

5月,穆罕默德二世买通君士坦丁堡城郊的热那亚人,借道热那亚人控制的加拉太地区,潜入金角湾内。他命人在博斯普鲁斯海峡和金角湾之间铺设长约1.5公里的涂油圆木滑道,在夜色掩护下将80艘轻便帆船拖上海岸,越过山头,再从斜坡滑进金角湾,这样一来,拜占庭军处于水陆两面夹击之中。

1453年5月28日,土耳其士兵大规模集结城下。君士坦丁堡居民知道决战的

▼君士坦丁堡被围

▲中世纪骑士

时刻就要到了,晚上基督徒们在圣索菲亚大教堂广场举行了最后的祈祷,彻夜未眠。5月29日,西线和北面金角湾两处的数百门怪兽炮同时齐轰君士坦丁堡,整座城市在炮声中颤抖。君士坦丁堡城内的教堂纷纷鸣钟,洪亮的钟声在城市上空飘荡,千年帝国发出最后的哀鸣。土耳其军全线总攻,高呼真主的土军士兵如潮水般前仆后继发动进攻,一万名精锐的土耳其新军火枪手冲向外围城墙的破口,一支30人左右的突击队,攻上了外围城墙的最大的城楼高塔。一名士兵砍断拜占庭的军旗,高举新月战旗站在高塔之上。城内的拜占庭士兵立刻集中弓箭射击高塔,高塔上的土军士兵用肉体挡在军旗周围,他们身中数百支箭,仍死死握住新月战旗。城外土军看到高塔上迎风飘扬的新月战旗,大受鼓舞,拼命冲锋,终于攻占外墙,君士坦丁堡失去了最后的屏障。土军蜂拥入城,随即展开残酷的巷战。拜占庭皇帝帕里奥洛古斯和他的皇家御卫队以死相拼,最后全部战死。

洪亮的教堂钟声终于歇止,并将不再响起。数万名居民被掠为奴,皇宫教堂内无数珍宝落入苏丹手中,征服者们肆无忌惮地蹂虐这座伟大的城市。圣索菲亚大教堂顶上巨大的石制十字架被拆除,安上铁制月牙标志,这座雄伟的基督教堂从此改成了清真寺。这座城市被赋予了一个新的名字——伊斯坦布尔。

如今的伊斯坦布尔,已成为土耳其最大的城市、最大的港口和工商业中心。并且作为主要的旅游胜地,迎接世界各地的游客。人们在游览阿亚索菲亚博物馆、苏丹阿赫梅特清真寺等名胜古迹时,不知是否记得500多年前那惊心动魄的隆隆响声。

▼十字军时代骑兵

第八章

黑火药应用于战争

　　黑火药是中国古代方士在炼丹中发明，后经商贸渠道传入阿拉伯，主要被用于医疗和冶金。中国唐代晚期，火药从炼丹家手里传到军中，兵器专家们于10世纪初造出了火器——飞火，并应用于战争。世界上最早的管形火器，13世纪中期在中国出现。后蒙古人西征，曾把南宋时期中国人发明的火器，广泛运用于阿拉伯和欧洲战场，阿拉伯人很快掌握并有创新发展，但时处蒙昧中世纪的欧洲人，只是将这些喷火且巨响的火器当作魔法，并没有能力仿制。百年之后，在十字军东征过程中，欧洲人从阿拉伯人那里得到火药和火器，开始用金属制造发射筒。火药和火器不仅改变了欧洲大陆长期受游牧民族威胁的历史，而且他们带着日益完善的火器，开始了对整个世界的入侵和征服。这个暴力过程既改变了欧洲本身，也改变了整个世界的进程。

　　火药直接催生了火器的发明创新，而火器的出现标志着亘古绵长的冷兵器时代的终结。火器时代与冷兵器时代的划分没有统一的标准，中国从北宋时期起，处于冷兵器与火器并存时代，并存续了很长时期。火器的运用是一种革命性的进步，对人类社会发展产生了深远影响。

　　黑火药时期的火器种类繁多，根据性能可大致可划分为燃烧性火器、爆炸性火器和射击性火器三类。

黑火药的发明

火药是中国四大发明之一,是人类文明史上的一项杰出成就。火药在适当的外界能量作用下,能够进行迅速而有规律的燃烧,同时生成大量高温燃气。古代中国发明的火药,被称为黑火药,其性能还比较有限,它与现代意义上的火药有明显差异。

方士炼丹:科技发明在愚昧无知中产生

古代中国人追求长生不老,拥有无边权力的帝王更是如此。这直接催生了一门奇门遁法——炼丹。炼丹术在中国起源很早,《战国策》中已有方士向荆王献不死之药的记载。汉武帝也妄想"长生久视",向民间广求丹药,招纳方士,并亲自炼丹。从此,炼丹成为风气,开始盛行。历代都出现炼丹方士,也就是所谓的炼丹家。

在烟熏火燎炼制"长生不老"仙丹的过程中,方士们积累了不少实际操作经验。三国以后道教兴起,这些方士逐渐加入其间,以道士的身份尝试炼丹,于是炼丹术有了神秘的宗教色彩。道教日益盛行,炼丹术随之水涨船高,奠定了我国火药与养生医学发展的基础。炼丹者认为,不同物质掺和在一起,经过若干程序处理,可以转变成新的物质,凡体肉胎服用后,可以滋阴壮阳、延年益寿甚至长生不死。他们以金、银、铅、汞等矿物质为主要原料,企图通过烧炼制成"仙丹"。这种无稽之谈在科技落后的古代中国大行其道,不仅炼丹家深信不疑,企盼长享荣华富贵的帝王贵族们也颇以为是。

炼丹术流行了一千多年,最终一无所获。但是,炼丹术所采用的一些具体方法有可取之处,它显示了化学的原始形态。炼丹术中很重要的一种方法就是"火法炼丹",它直接与火药的发明有关。所谓"火法炼丹"大约是一种无水的加热方法,晋代葛洪在《抱朴子》中对火法有所记载,火法大致包括:煅(长时间高温加热)、炼(干燥物质加热)、灸(局部烘烤)、熔(熔化)、抽(蒸馏)、飞(升华)、优(加热使物质变性)。这些方法都是最基本的化学方法,这是炼丹术这种愚昧行为能够产生科学发明的基础。在发明火药之前,炼丹术已经制成诸出硫化汞一类的物质,这是人类最早用化学合成法制成的产品之一。

为了便于吞食,炼丹者想方设法使矿石体积变小,硬度变软,毒性降低。硝石可溶解金属,硫黄可改变矿石形态,因而两者成为炼丹者的必备。在炼制过程中,由于偶然不慎,将硫黄与硝石同时掉到炭火上,产生火焰甚至爆炸声响。

中国最早的火药配方,保存在唐元和三年(808)清虚子撰写的《铅汞甲庚至宝集成》中,称为"伏火矾法"。内容是,硫、硝各二两,与三钱半马兜铃混合。把药放在罐内,将点燃的木块等熟火掷放里面,有大量的烟产生。中唐时期还有人提出,硫黄、雄黄、硝石掺和,放在密封容器里用火烧,喷出的

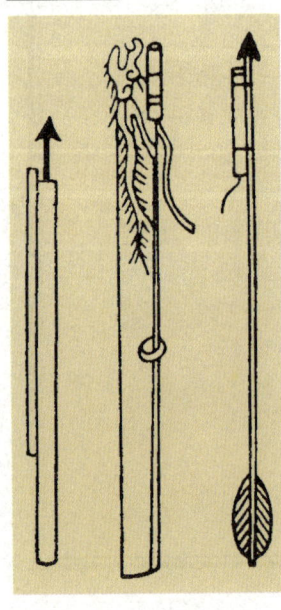

▼明代火箭

▲葛洪炼丹图

火焰可能伤及手面,并可能毁坏房屋,可见当时人们已经知道这种混合物具备燃烧和爆炸性能。因此说,中国至迟在9世纪已经发明了火药。

需要指出的是,这种源于炼丹的火药称为黑火药,与后来由诺贝尔等人发明的黄火药相比,其爆炸威力要小许多。有人认为古代中国只会将发明的火药用来制作鞭炮,实际上,应用于军事的尝试一直没有中断。只不过由于黑火药本身特性的制约,还有古代中国重伦理轻技巧的文化心理,使其在其后的科学探索中裹足不前。这种局面一直持续到19世纪中后期,在西方坚船利炮的攻击下,一向以天朝上邦自居的中国才逐渐萌生了现代科技意识。

中国雪:火药由阿拉伯人传向欧洲

早在8～9世纪时,硝和医药、炼丹术一起,由中国传到阿拉伯。当时的阿拉伯人称它为"中国雪",而波斯人称它为"中国盐",那时他们仅知道用硝来治病、冶金和做玻璃。13世纪,火药由商人经印度传入阿拉伯国家。希腊人通过翻译阿拉伯人的书籍才知道了火药。在阿拉伯与欧洲的一些国家进行的战争中,阿拉伯人开始使用火药兵器,例如阿拉伯人进攻西班牙的八沙城时就使用过此类兵器。欧洲人在与阿拉伯国家的战争中,逐步掌握了制造火药和火药兵器的技术。

▼方士炼丹炉

火药和火药武器传入欧洲,不仅改变了作战方法,而且对统治和奴役的政治关系起了变革的作用。以前一直攻不破的贵族城堡的石墙抵不住市民的大炮,市民的子弹射穿了骑士的盔甲,贵族的统治跟身穿铠甲的贵族骑兵同归于尽了。随着资本主义的发展,新的精锐的火炮在欧洲的工厂中制造出来,装备着威力强大的舰队,扬帆出航,去征服新的殖民地。因此,马克思认为,火药的发明大大推进了历史发展进程。火药火器的传播运用对冲破欧洲中世纪"黑暗时代"至关重要,它是文艺复兴的重要支柱之一。

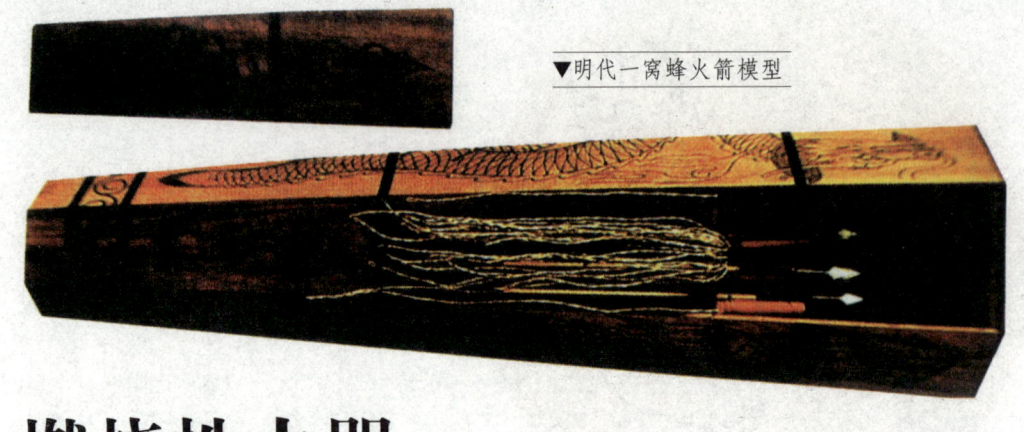
▼明代一窝蜂火箭模型

燃烧性火器

燃烧性火器出现得最早,其主要性能是燃烧敌人的各种军用物资,并兼有烟幕、毒气、障碍、杀伤等作用。这类火器名目繁多,据专家考证有数十种,最初是借外力发射,用烧红的烙锥点火,后来演进为借助火药本身的反向动力推出,并用引信发火。燃烧性火器主要器种是火箭,其次是喷筒类。

火箭:用于作战的焰火

早在火药发明之前,中国人就探究将火应用于战争。三国时代的蜀汉建兴七年(229),诸葛亮率兵攻打陈仓(今陕西宝鸡市东),魏国守将郝昭指挥士兵用"火箭"向架云梯攻城的蜀军怒射,云梯燃烧,蜀军受挫。这种"火箭"实则是绑缚燃烧物的箭弩,点燃后靠弩弓放射出去,充其量只是具备燃烧功能的冷兵器。能称作火器的火箭,出现在唐末五代时期。那时天下大乱,兵烽四起,许多原先寄食豪门贵族的方士流离失所,一些人投身军旅,逐渐将火药配方运用到军事实践,相继出现了一系列火药武器。这种火箭也是将燃烧物绑缚在箭杆上,不同之处在于,其加装的是一个火药筒,火药筒后部有引火绳,火药燃烧产生气体,借助气体后喷的反作用力,使箭飞得更远。

▼明代一窝蜂火箭示意图

后来人们将它与弓弩分离,制成完全依靠火药燃烧反向推动的火箭。在975年,宋与南唐作战中,1126年汴京防守战中都使用过这种箭。不断改良的火箭在许多重要战役中大显神威。宋神宗元丰六年(1083)宋军抗击西夏的兰州战役,宋高宗绍兴三十一年(1161)宋军李宝袭击山东胶州湾陈家岛金水军根据地的战役,都大量使用了火箭。

经过不断探索，人们又制作出了多头火箭，一次发射多支到几十支火箭。有一种火器叫"一窝蜂"，就是把32支火箭装在一个大筒里，把它们的引火线联结在一起，将总火线点燃后，把32支火箭同时发射出去，威力很大。明代著作中记录了一种称为"飞龙出水"的多节火箭。用毛竹五尺，去节刮薄，两头装有木雕的龙头尾，龙口向上，龙腹内装有数支火箭，龙头下面左右各装一个半斤重的火箭筒，龙尾两侧也安装两个火箭筒。看上去就像一身生四翼的飞龙。将4个火箭筒的引信汇总一起，并与龙腹内的火箭引信相连。水战时，可离水面三四尺点燃引信，飞龙便腾空飞去，可在水面上飞行1500米远。当4支火箭燃烧将尽时，通过引信点燃龙腹内的火箭，这时从龙口中喷射出数支火箭，继续向前，直达目标，致使敌船燃火焚毁。

元军西征使用了大量火器。1220年元军攻击尼沙城时，修筑了一座高炮台，使用20门弩炮对城内连续轰击了15天，发射了大量火箭、毒火罐、火炮弹。1258年，蒙古兵围攻黑衣大食的都城巴格达时，使用过铁火炮或叫震天雷，阿拉伯人叫"铁瓶"。蒙古军西征的同时，将随身携带火器及其制造技术，经被俘投降者之手一并传给了阿拉伯人。据阿拉伯文兵书记载，当时传入阿拉伯国家的火器有两种，一种叫"契丹火枪"，一种叫"契丹火箭"。到14世纪初，阿拉伯人把这两种火器发展成两种"马达发"（阿拉伯语"火器"）。一种是用一根短筒，内装火药，筒口安置石球，点燃引线后，火药发作，石球射出以击人。另一种是用一根长筒，内装火药和铁球，然后再装上一支箭，临阵点燃线后，火药发作，冲击铁球，同时将箭推出。很明显，这两种火器与我国南宋时的"火筒"和"突火枪"类似。

火箭——宋人抗金的重要装备

宋人抗金使用燃烧性火器的情况很多。例如，高宗建炎四年(1130)，金兵攻打陕州(今河南陕县)，守将李彦仙使用金汁炮、火药炮等抵御，杀伤敌人甚多。宁宗嘉定十四年(1221)，金兵攻蕲州(今湖北蕲春)，守将赵诚之等率部坚守25天，动用火器弩火箭7000支、弓火箭10000支、蒺藜火炮3000只、皮火炮20000只，重创敌方。

火箭作为一种重要的燃烧性火器，其最大特点是可远距离施放，烧伤敌人。这类火箭是现代火箭的鼻祖，因为两者发射原理完全一样。

喷筒：不仅发火而且放毒

现代战争中，火焰喷射器的威力有目共睹。它的先祖是中国古人发明的一种名为猛火油柜的火器。这个物件四足伏地，顶着一个方形的大铜柜，上面竖四根卷筒，首大尾细。尾部开一个黍粒大小的小孔，首部为直径半寸的圆口，柜旁开一窍。卷筒是注油口，上面有盖。四根卷筒又扛一根横筒，筒内有拶丝杖，杖首缠半寸厚的散麻，前后束两个铜箍固定。这里的散麻起活塞作用，发射时，人在筒后用力抽动拶丝杖，压缩空气，将柜中的石油从尾部小孔喷出。那时人们称石油为"猛火油"，因此得名。油柜上有贮火药的火楼，临放时，用烧红的烙锥点燃火药，石油喷出后，经过药楼，燃成烈焰，喷向敌人。这种猛火油柜形体笨重，只能用于守城战斗或水战。为便于携带野战，明朝创制了喷筒类火器，不仅可以燃烧，还能喷毒气放烟雾。

有一种名为毒龙喷火神筒的喷筒，可以高射，专门用于攻城。筒体为竹子制成，长约一米，装上毒火药和烂火药，悬挂在高竿上。进攻时对准敌城墙垛口，顺风燃放，喷射火焰毒烟，使守城敌人中毒昏迷。钻穴飞砂神雾筒是用毛竹做筒，安装坚木柄，筒内装入含砂的火药。顺风燃放，可远至10余里，致使敌兵昏迷，然后乘机攻击。

明代军中装备很多喷筒式火器，这种火器制作简便，将毒药配火药装入竹筒纸筒内，筒下安装长竹竿或木柄，就可以手持放，体轻实用，很受士兵欢迎。明代兵书中记载的喷筒火器就有10余种。喷筒类火器主要用于燃放火焰、毒烟及砂砾等，以致敌军中毒昏迷，或受烟幕遮障，或飞砂伤及双目等等。

▲明代毒药喷筒

希腊火：欧洲最早的火器

在公元7世纪，拜占庭人就在与阿拉伯人的海战中，使用了一种叫作希腊火的液体燃烧剂。据称它在668年由一名为佳利尼科斯的叙利亚工匠带往君士坦丁堡。这种燃烧剂平时封装在木桶里，使用时用手摇泵通过一根管子将之喷向敌人战船，遇空气便自燃，它可以在水面飘浮燃烧，并且容易附着在敌船或者落水士兵的身上。阿拉伯人的木质战舰舰队遭到毁灭性的打击，其进攻君士坦丁堡的计划也告败。

希腊火只是阿拉伯人对这种恐怖武器的称呼，拜占庭人则称之为"海洋之火""液体火焰"等。对于希腊火的配方和制作方法，后世知之甚少，原因在于拜占庭皇室严密的保密措施。为了保住自己的致命武器，拜占庭都在皇宫深处研制和生产希腊火。希腊火的成分之中含有一定量的磷化钙，遇水、潮湿空气、酸类能分解，放出有剧毒的磷化氢气体，该气体在潮湿状态下能够自燃。还有一种观点认为，其由轻质石油为主体，再混入一定比例的硫黄、沥青、松香、树脂等易燃物质，通过加热熔为燃烧性能极佳的液体。

678年，阿拉伯哈里发穆阿维叶一

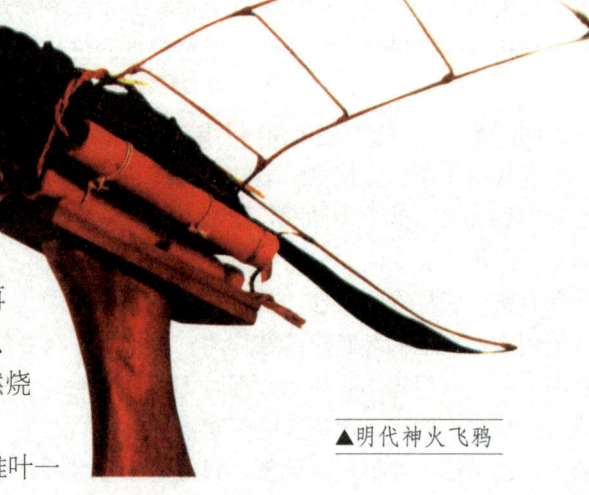

▲明代神火飞鸦

世对拜占庭帝国发动了陆地和海上的联合进攻，在陆战受阻后，便集中海上力量，攻占了马尔马拉海东南沿海的基兹科斯，作为发动大规模海上进攻的基地。6月25日，阿拉伯舰队向君士坦丁堡发动总攻。拜占庭海军出动装有希腊火的小船，对载有攻城器械和士兵的阿拉伯军舰展开了火攻。阿拉伯舰队总指挥法达拉斯命令舰队撤离，但已有大约2/3的船只被焚毁。

为了躲避拜占庭海军的反围攻，穆阿维叶命令剩余的阿拉伯船只向南撤退。拜占庭海军乘胜进攻，在西莱夫基亚附近再次动用希腊火，使阿拉伯海军全军覆没。

717年夏季，阿拉伯人兵分两路，再度攻打拜占庭。采取封锁的战术，企图把君士坦丁堡变为一座死城。9月1日，阿拉伯人的一支舰队企图封锁金角湾，拜占庭皇帝利奥三世立即命令舰队出战，使用希腊火烧毁了20艘阿拉伯战舰，其余的军舰则均被俘获。此后，因惧怕希腊火的攻击，阿拉伯舰队再也不敢突入金角湾，坐视拜占庭运粮船向君士坦丁堡运去补给。718年春天，利奥三世在得到了准确情报之后，伺机出兵，使用希腊火摧毁了阿拉伯舰队。在这次围城战中，阿拉伯军队一共使用了2560艘船只，回到叙利亚和亚历山大港的却只剩下5艘。

希腊火的制作方法最终因一名拜占庭的叛将泄露，被阿拉伯人掌握。在应对十字军的战争期间，阿拉伯人曾多次使用希腊火回击西欧人。

▼希腊火喷火兵

爆炸性火器

爆炸性火器起源于中国北宋时期，在火药不断改进的基础上产生。与燃烧性火器相比，爆炸性火器有更大的杀伤力。可将火药装入纸制、竹制、陶制、铁制的弹体内，点燃引信，引爆炸药，炸伤、炸死敌军人马及摧毁敌人防御设施。其使用范围从地面扩展到地下和水下。爆炸性火器依其性能和应用范围，主要有炸弹、地雷和水雷三类。

▲明代石雷

炸弹：制作简单威力强大

冷兵器时代的炸弹与现代意义上的炸弹不同，但原理相似。北宋时期，人们用竹蔑编制成球形，外面糊上粘过泥土的纸张，里面装上火药和瓷片，施放时发出霹雳般的震响，因此取名"霹雳火球"。它的主要功能是燃烧，崩射出的碎瓷片也可以击伤敌人。后来在此基础上又出现了"霹雳炮"，用纸筒做炮管，内装石灰和硫黄等物。燃放时，弹体先射向空中，再降落水中，硫黄和石灰见水便会膨胀发火，跳出水面，纸筒随即炸裂，石灰烟雾四散，可迷障敌人，伤及双目。1126年，金国军队围攻汴京，宋将李纲下令施放霹雳炮，击退了敌军。炸弹是在"霹雳火球"和"霹雳炮"的基础上发展起来的，起源是猎人狩猎的工具。金世宗时，阳曲（今山西太原）有个猎手，专门以捕捉狐狸为业。他制造了一种陶质的"火罐炮"，下粗上细，罐内装入火药，在细口上装引信。捕狐时点燃引信，火罐爆炸发出猛烈响声，惊得狐狸在慌忙乱跑中掉进预先设置的网里。

大约在13世纪初，金人学会了制造火器，并发明了铁制炸弹，金人称为"震天雷"，宋人叫它"铁火炮"。这种炸弹用抛石机发射，弹壳用生铁铸成，有罐子形、葫芦形、圆体形、合碗形四种。投掷或发射出去，爆炸声如雷贯耳，可钻透铁甲，杀伤力相当大。1221年，金兵攻蕲州时，曾用震天雷轰击，给宋军以重创。1232年，蒙古兵进攻开封，在攻城器械掩护下挖掘城墙，城上守军开始用矢石反击，毫无作用。守军遂用一只"震天雷"沿城墙用铁索吊下，发火后，

▲明代陶雷

"其声如雷,闻百里外"。城下攻城掘墙的蒙石兵连被炸成碎片。

1277年,蒙古人阿里海牙攻广西,宋将马暨率兵守桂林,三个月后桂林陷落,马暨的部将,一位姓娄的钤辖(官职名)率领250人退守月城,蒙古兵合围月城十余日,娄钤辖死守不降。这时城内因缺少食物,200多名士兵难以继续坚持。娄钤辖便站在城墙上向蒙军喊话,要求对方送些食物过来,吃饱了好投降。蒙古人信以为真,派人送去几头牛和一些米,娄钤辖的部下接过食物,又关紧城门。蒙古人登高瞭望,只见宋兵忙着煮米、宰牛,各司其事。吃过饭后,宋兵气力鼓足,便吹起号角,擂响军鼓,蒙古兵以为他们要出战,整甲以待。只见宋兵拥出一门大火炮,本想点燃引信发射,不料瞬间爆炸,声如雷霆,城壁崩塌。硝烟散去,蒙古兵走近观看,发现宋兵200余人皆被炸死,连守在城外的蒙古兵也被震死、吓死不少。这门炸膛的铁炮,相当于一枚大炸弹,其时炸弹威风之大可见一斑。

明代的炸弹种类增多,燃放方法也大有改进。依炸弹质料不同可分为铁弹、木弹、石弹、泥弹等。铁弹有"击贼神机石榴炮",它类似现代的手榴弹。用生铁铸造,形状像成熟的大石榴。上端留一孔,内装火药和毒药,将药装满大半,再放入一个酒杯,杯内燃火种,用铁盖将石榴炮口塞紧。炮外壳涂成白色,上面绘成五彩花草。临敌时,可用手投掷,以炸敌兵,也可放置路旁,待敌人拾取后,动摇火种,立即引爆弹体,炸死敌人。

明朝嘉靖年间,曾铣镇守陕西时,发明了慢炮,类似现代的定时炸弹。这种炮的形状像个圆斗,外面涂五彩花纹,就像一个玩具,内装火药和发火装置,点燃后,三四小时自动爆炸。将慢炮放置路旁,敌人以为玩物相互观赏,这时突然爆炸。

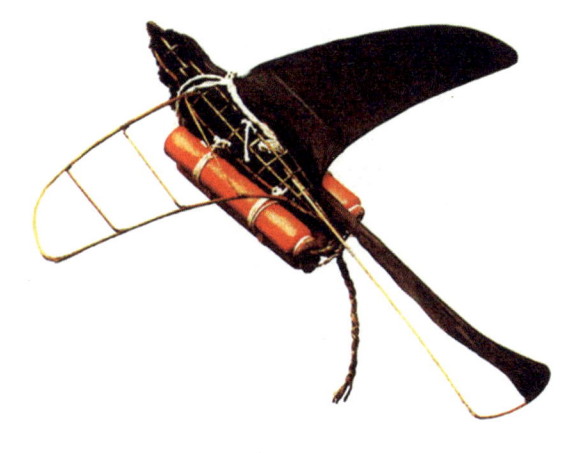

▲"火龙出水"火箭模型

清朝咸丰初年,大学士赛尚阿赴广西、湖南一带,参与镇压太平天国春官正丞相胡以晃的部队。赛尚阿招胡以晃弟弟胡以旸到军营,让他三番四次写信去劝诱其兄叛变。胡以晃大怒,把来信奏呈天王洪秀全,并回信痛斥其弟。赛尚阿让兵工专家特制了一个木匣,里面装上炸弹,假称有封信在里面,让胡以旸回去把信送给他哥哥。这种炸弹称为"手捧雷",一启匣立即爆炸,十分灵便。赛尚阿的阴谋没有得逞,胡以晃最终病故于江西临江。

明清时期还经常使用炸药包、爆破筒等爆破器材,用来摧毁敌方的城堡等防御工事。1642年,李自成攻打开封时,大顺军在开封城东北角挖掘了长10丈、宽1丈多的大穴道,里面装满火药,放入三四条4丈多长的引信,然后引火爆破,崩塌城墙。1644年,另一农民起义军领袖张献忠挺进四川,曾用类似办法攻克重庆。张献忠随后进攻成都,

> ### 现代水雷分类
>
> 水雷按在水中所处的位置不同，可分为漂雷、锚雷、沉底水雷。按照水雷的发火方式，可分为触发水雷、非触发水雷和控制水雷。触发水雷大多属于锚雷和漂雷；非触发水雷又可分为音响沉底雷、磁性沉底雷、水压沉底雷、音响锚雷、磁性锚雷、光和雷达作引信的漂雷，以及各种联合引信的沉底雷等。若按布雷工具不同，可分为舰布水雷、空投水雷和潜布水雷。

面对坚厚城墙和三万守军，起义军几次强攻均被击退。张献忠命令部队砍伐数丈高的大树，剖开树干，掏空树心，装满炸药，将两半树干合拢，用绸布缠紧，外面糊上泥浆，然后把大树树起立靠近城楼引爆。这大概是当时最大的爆破筒了。

明朝还使用一种水上爆破艇，名叫子母舟。母船前端贮满火药和纵火器具，子船藏在其腹中。当与敌船靠帮时，母船发火与敌船共焚，爆破手乘子船返回。后来又改进为二船合一的连环舟，前半部船舱盛火器，后半部用于人员逃生。

地雷：预埋土中一触即发

地雷是人们比较熟悉的一种古代火器。地雷在我国有500多年的历史。明代兵器制造家首次发明创制了地雷，并大量用于战争。明代兵书《武备志》中记载了10多种地雷的形制及特性，并绘有地雷的构造图。黑火药时代的地雷的样式多种多样，按照引信不同，大致可以分为以下三类。

踏发式地雷 用石、陶、铁等铸造，如同碗口一般大小，腹内装填炸药，上面留一细口，穿出引线。临战前选择敌人必经要道或自己阵地前方容易受攻击的地方。这种地雷比较常见，影视作品中经常出现。直到现代战争中仍在要塞区域密布这种地雷群，以阻遏敌人靠近。有人将这种地雷用药线连接起来，分散埋设在敌人经过地带，布下一个地雷网。当敌人进入网内，一旦踏上发火装置，地雷便一个接一个连锁爆炸，可大范围地杀伤敌人的大队人马。

手拉式地雷 是用生铁铸成圆形，大的可装火药一斗，小的装药三五升不等。装药后，用硬木做成"法马"塞住口，分数根引线装入一支长竹竿内，事先选择敌人必到之处，埋于地下将竹竿一头露于我方，等敌人进入雷区时，依号令点火引爆。也有的地雷不用竹竿，直接用绳索牵引引信。

绊发式地雷 用一口大瓷坛，内装炸药，用土将坛口填紧，留一小眼装引信埋入地下，再在地面放一堆碎石，同时埋设钢轮发火机一个，与坛口引线连接，在地面安设绊索，或用长绳由远处拉发。当敌人脚碰触绊索时，钢轮自动发火，引爆地雷，火药坛炸起，泥土碎石

▼地雷

陶片四处迸射，杀伤威力很大。

抗日战争时期，山东海阳等地的军民，在艰苦的条件下坚持抗战，铁雷不够用，就自己动手制造各种石雷。在日寇扫荡时，村村户户的河沟路岔都摆下了地雷阵，炸得敌兵人仰马翻，失魂落魄，使得这一古老的火器重显威力。

水雷：浪花四溅杀气滚滚

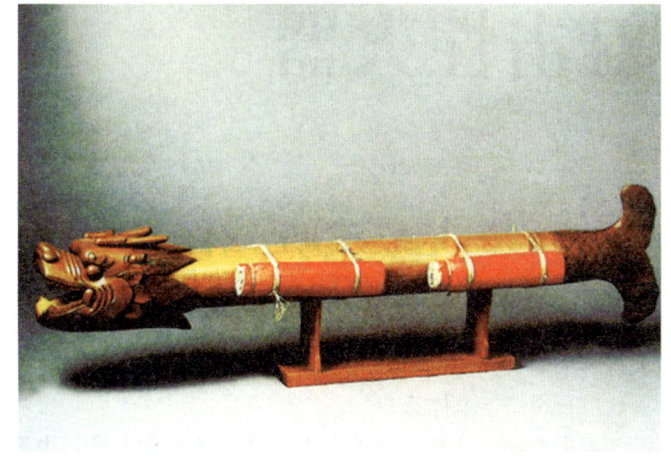

▲"神火飞鸦"火箭模型

水雷是最古老的水中兵器，由中国人发明。在明朝人唐顺之编纂的《武编》一书中，详细记载了一种"水底雷"的构造和布设方法，用于打击侵扰中国沿海的倭寇。这是最早的人工控制、机械击发的锚雷。它用木箱作雷壳，油灰黏缝，将黑火药装在里面，其击发装置用一根长绳索连结，由人拉火引爆。木箱下甩一绳索坠有3个铁锚，控制雷体在水中的深度。1590年，中国又发明了最早的漂雷——以燃香为定时引信的"水底龙王炮"。1599年，中国发明以绳索为碰线的"水底鸣雷"，1621年又将其改进为触线漂雷，这是世界上最早的触发漂雷。

欧美18世纪开始在实战中使用水雷。1769年的俄土战争期间，俄国工兵初次尝试使用漂雷，炸毁了土耳其通向杜那依的浮桥。此后，各型水雷不断地被研制和改进，并广泛使用。在北美独立战争中，北美人为攻击停泊在费城特拉瓦河口的英国军舰，于1778年1月7日，将火药和机械引信装在小啤酒桶里制成水雷，顺流漂下。当时虽然没有碰上军舰，但在被英军水兵捞起时突然爆炸，炸死、炸伤了一些人，史称"小桶战争"。19世纪中期，俄国人发明了电解液触发锚雷。在1854至1856年的克里米亚战争中，沙皇俄国曾将这种触发锚雷应用于港湾防御战中。炸药发明者、大科学家诺贝尔的父亲伊曼纽尔·诺贝尔，曾于1840至1859年间，在俄国圣彼得堡从事大规模水雷生产，这些水雷及其他武器被用于克里米亚战争。

在第一次世界大战中，双方共布设各型水雷31万枚，共击沉水面舰艇148艘，击沉潜艇54艘，击沉商船586艘。在第二次世界大战中，水雷的使用达到高峰，各国通过水面舰艇、潜艇和飞机布设80万枚各种触发和非触发水雷，共毁沉舰船3000余艘。在1952年朝鲜战争中，朝鲜人民军在元山港外布放了3000多枚水雷，美军出动了60艘扫雷舰和30多艘保障舰船，外加扫雷直升机进行清扫，结果使美整个登陆计划推迟达8天之久。在此后的越南战争、中东战争、海湾战争中，水雷都得到充分的应用，发挥了巨大的威力。尤其是在海湾战争中，伊拉克海军舰艇基本上无所建树，布设下的1200余枚水雷，却损伤了多国部队9艘舰艇，其中仅美国就有4艘战舰被毁伤。因此，水雷被誉为"穷国的武器"。

射击性火器

据史料记载，1259年，中国制作了以黑火药发射子窠的竹管突火枪，这是世界上最早的管形射击火器。随后，又发明了金属管形射击火器——火铳。已发现的最早火铳产生于元至顺三年（1332），它的形状为一个长约35厘米、口径约10厘米铜制圆桶，使用时，先在枪管内填装黑火药，然后装上铁砂之类的物品，夯紧压实，然后点燃底部的引信，依靠火药瞬间爆炸产生的压缩气体，将铁砂喷射出去。这种铳射击距离很短，近距离作战也能打敌人一个"万朵桃花开"。

南宋初期，陈规发明了世界上第一支竹管火枪，由两个人拿着，点燃后发射出去，用来烧伤敌人。由于竹管火枪枪身容易毁坏，而且射程短，威力小，因此很难大规范推广。在13世纪至14世纪初，人们开始尝试用金属管火器。

那个时代的人们对枪和炮的划分并不明确，没有一定的制式和标准。金属管火器出现以后，人们才将口径大的叫做铳、炮；口径小的叫枪、筒。近代区分枪与炮的标准也按口径大小区分，口径在20毫米及以上的为炮，以下的则为枪。

▼明代渡水神机炮

前膛装弹、燃物点火、滑膛枪管：火枪的主要标志

1280年左右，中国军用火枪传到阿拉伯，又由阿拉伯传到欧洲。到明朝初年的14世纪中期，世界上才开始出现最早的枪——火绳枪。中世纪西欧的火枪虽然受到中国火枪的启发，但技术创新较多。14世纪中叶的意大利，生产了欧洲最早的火铳。15世纪欧洲使用的火绳枪，其后部外端装有一根用硝酸钾浸过的阴燃着的火绳，使用时，从枪口装入黑火药和铅丸，转动杠杆使火绳移

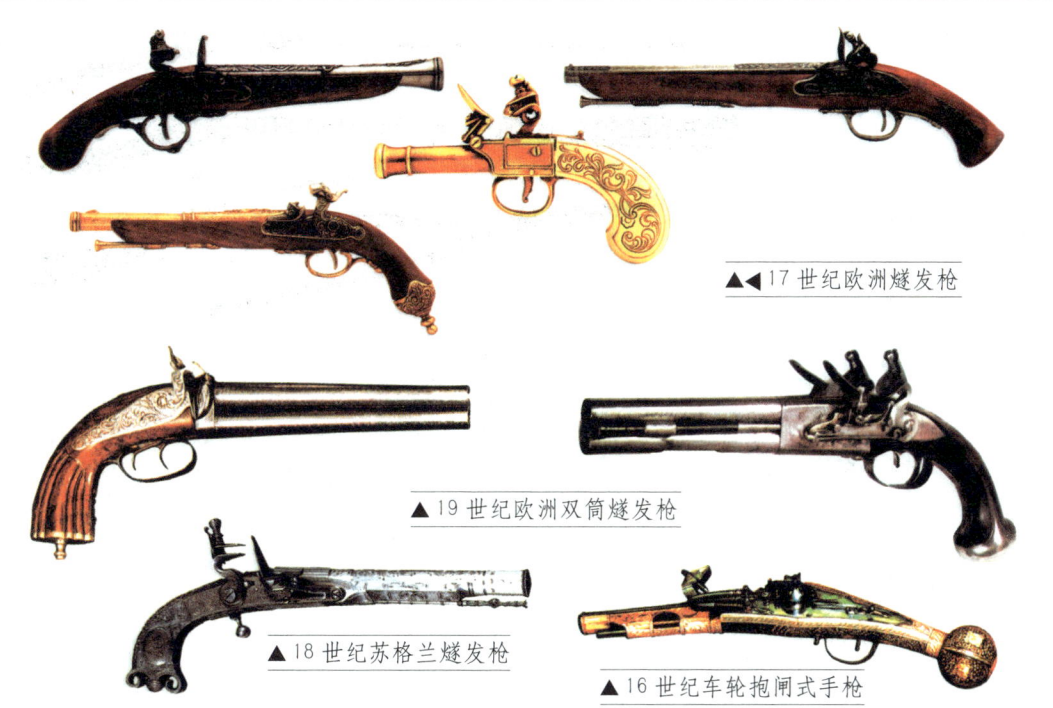

▲◀17世纪欧洲燧发枪

▲19世纪欧洲双筒燧发枪

▲18世纪苏格兰燧发枪

▲16世纪车轮抱闸式手枪

近火孔,即可点燃火药发射。比较有名的火绳枪是16世纪20年代出现于西班牙的"穆什克特"火枪,射程达250米,装备此枪的步兵被称为火枪手。

由于火绳雨天容易熄灭,夜间容易暴露,这种枪在16世纪后逐渐被燧石枪所替代。燧石枪产生于1480年至1495年间,据说由意大利科学家达·芬奇发明,它用燧石的火花点燃火药池,再由火药池点燃火药发射弹丸。

燧发枪利用燧石与铁砧撞击时迸发的火星来点燃火药,它的出现标志着纯机械式点火技术时代的结束。燧石枪的点火方式虽然比火绳枪先进,但本质仍属于一类,都是依靠外物提供火源点燃火药,只不过提供火源的方式由"灯草"换成"打火机"而已。

这个时期的枪支,全部使用滑膛枪管。为了方便前膛装弹,膛线都设计成直线形,使用这种膛线弹的枪支,子弹速度不快,射击精度不高。

中国清朝建立之初,军事装备专家对火器进行了改良和实验,曾先后开发过转轮式、弹簧式和撞击式的燧发枪,可惜没有用来装备军队,而是供宫廷狩猎。康熙年间,戴梓发明出"连珠铳",一次可连续发射28发铅弹,又造出威远将军炮,这两种兵器是机关枪和榴弹炮的雏形,射程远,威力大。但康熙认为"骑射乃满州根本",将戴梓充军关外。乾隆年间制作出镶骨燧发枪,但用途依然是狩猎。中国火器发展出现了灾

▼清代鸟枪

难的停顿，虽其后有小步跃升，但终究被欧洲抛在身后。

击发点火、直线膛线：火枪向现代手枪过渡的产物

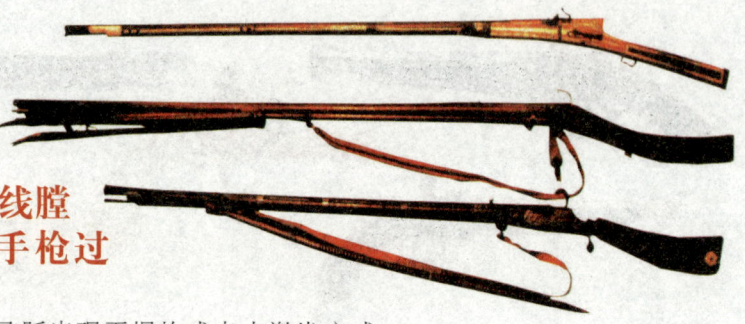
▲清代火枪

早期火枪的技术性飞跃出现于爆炸式点火激发方式出现之后，最早进行试验的是苏格兰人亚历山大·福希斯，他使用器皿装雷粉，把雷粉夹在两张纸之间而制成了纸卷"火帽"。1808年，法国人包利将纸火帽运用于枪械，并使用了针尖发火。1814年，美国首先试验将击发药装于铁盂中用于枪械。1817年，美国人艾格把击发药压入铜盂中，这对后膛装填射击武器的发展具有十分重要的意义，并获得了迅速发展。1821年，英国伯明翰的理查斯发明了一种使用纸火帽的"引爆弹"。后来，有人在长纸条或亚麻布上压装"爆弹"自动供弹，由击锤击发。追溯枪发展的历史，应当归功于中国火药的发明。随之而来的是爆炸式点火技术，击发枪也就应运而生了。总体来说，中世纪火枪威力比较有限，并没有对军事变革起到决定性的影响。

中国在17世纪中期明末清初时，火器装备并不弱于西方，而且当时也有接受新生事物的胸怀和智慧。1637年，葡萄牙人向明朝政府进献了线膛枪。该枪射程远，精度高，装填方便，神机营的火器专家用后赞不绝口，上表请示大量仿制并装备京军三大营。

1757年，清政府禁止在华的外国人携带火器，这固然有安邦保民、安柔守顺的因素，但也透露出对这种"奇巧淫技"看不上眼的意味，反映出军事战略思维的落后。一个世纪后的1842年，英国远征军司令濮鼎查率领区区四千人，击败了满清两万正规军。1860年英法联军洗劫圆明园时发现，当年英国使团赠送给乾隆的火炮仍保存完好，随时可以发射，这种先进兵器居然被当作玩物摆放了多年。

武城永固大将军炮

故宫午门前的广场上，陈列着一尊铸造于1698年的"武城永固大将军"青铜炮，还带有当时比较先进的炮车，属于明末清初中国火炮的最佳制品。由南怀仁设计，是他为清廷设计火炮的巅峰之作。该炮在大沽炮台失陷后被从炮台掳掠到北京东交民巷德国使馆，后因故未能被运离中国。这尊火炮上标有29的数字，说明这种炮最少生产了29门。19世纪末期的战争中，大沽口清兵依然用这种炮与英国人作战，可见当时清朝的火炮近两个世纪没有发展。

佛郎机炮、红夷炮：放大了的火枪

早先的枪和炮实际上是同一类武器，火炮不过是放大了的火枪。从《明史》记载可知，15世纪初的明朝正德后期至嘉靖初期，葡萄牙人已来到中国，扳机击发式火绳枪随之传入，同时还有先进的佛郎机炮。佛郎机炮的传入带有一些戏剧色彩，有一种说法是，葡萄牙的战舰在珠江口沉没，明朝军民打捞中

发现了这种西洋舰炮，明朝军队照猫画虎仿制。这种仿制炮号称将军炮，带有炮耳和瞄准具，可以调节射程，炮身寿命长，大型者重1.6吨，射程近两公里。

明朝末期，为了抵挡满族八旗军的进攻，大炮成了急需的兵器。驻守山海关的名将袁崇焕，曾进口8门西洋大炮。当时人们把这种炮称为红夷大炮，意指红头发的西洋人所造。后因清朝避讳"夷"字，改称红衣大炮。吴三桂镇守山海关时，曾制作过大口径铁芯铜炮，集铁坚铜韧于一身，提高了大炮的使用性能。明朝火器技术发展很快，但由于国家败亡，没有批量装备。

清军为了和明军争夺战争主动权，大力发展火器，但这种重视并非出于对科学技术的追求，而是一种相时而动的临时举措而已，加之当时火器杀伤力不如弓箭，加之缺少重大战争的直接刺激，清朝统治者便更加倚重弓马骑射。八旗军尚在关外作战时，努尔哈赤曾被炮火所伤，因此对大炮这种现代兵器非常重视，并在明朝降将的帮助下学会了使用。统一全国后，清朝政府也曾积极仿造研制，但认知水平还处于"人有我有"阶层，很少想过要通过"人有我新"赢得比较优势。从雅克萨战役到准噶尔战役，从鸦片战争到八国联军侵华，虽然清军都有大炮投入其间，但对敌人来说，武器装备的威力已是江河日下。

在1840年第一次鸦片战争中，中英两军的火器还处在同一个量级，都还没有脱离17世纪沿用的前装滑膛炮系统。但火炮的性能相差很大。1797年，英国机械师莫兹利发明车床，其后全金属车床、自动调节车床、牛头刨床等一系列工作母机相继出现。英军火炮铸造已经废除传统的泥模整体模铸法，开始大规模采用车床切削铸造法，这使英军火炮内

▲明代神威大将军铁炮

膛精度和气密性迅速提高，并安装了先进的瞄准系统，火炮的射程和精度远远超过清军。而清朝在这方面相去甚远，就连林则徐这样有见识的封疆大吏，也认为火炮越重威力就越大。与此同时，英国火药制造工业已领先世界，火药的提纯、粉碎、拌和、压制、烘干等工艺，全是机械化生产。而清军的火药依旧产自手工作坊，含硝量过高却无法提纯，不但容易受潮，爆炸力也远逊于英军。在虎门之战中，清军火药还存放于陶罐中，生产过多容易受潮受损，生产过少则战时不够使用。这种科技上的差异，使得中英两军的火器虽然机理相同，攻击能力却判若云泥。

1900年，清兵在八国联军"连环火枪"（机枪）前尸积如山，惊惶万状的慈禧却指望"神功护体，刀枪不入"的义和团扭转颓势。其实，清朝的覆亡非一日之功，早在所谓的康乾盛世，悲剧的前幕已经拉开。

第九章

现代枪械

　　黑火药固然是中国古代四大发明之一，但其起源有多种说法，在很多古代文明地区都有类似于黑火药的发明记载。黑火药的种类繁多，据说有上百种，中国使用的黑火药只是其中一种。

　　古代中国制造的黑火药由于含硝量低，燃烧后膨胀能量不足，并不适合作火器的发射药。阿拉伯人和欧洲人先后通过战争获知黑火药，并将含硝量提高到了80%左右，并大量用作火器发射药。中国明清时代使用的火器发射药，与道士炼丹所得的火药有差别，它是与火铳一起从西方传入的舶来品。使用黑火药的枪炮主要是火枪、火铳等原始火器，远非现代意义上的枪炮。

　　19世纪中后期是欧洲火药发展的黄金时代，以诺贝尔发明的硝化甘油安全炸药，以及J.威尔勃兰德发明的梯恩梯炸药为代表，火药技术有了质的飞跃，这个阶段可以简称为黄色火药时期。黄色火药不仅被直接制成炸药用于战争，而且促进了现代枪炮的产生。

　　原始火器与现代枪炮有明显区别，主要标志是，原始火器为前膛装弹、滑膛枪管、火绳点火，而现代枪炮为后膛装弹、线膛枪管、针刺击发、底火引爆。另外，根据弹丸也可将两者区分开来，原始火器的弹丸大都为铁砂、铁球等，发射后不能旋转，靠穿透力杀伤敌方。而现代枪炮的弹丸，除具备原始火器的金属体外，还有药筒(弹壳)、发射药和火帽（底火），发射后可以旋转，不仅可以依靠惯性作出打击，而且有的可以二次爆炸，比如榴弹炮弹，同时具备穿透力和爆炸力。

黄火药在欧洲

近现代军事和工程中使用火药的基本上都是黄火药系统,包括猛炸药、发射药、击发药、起爆药、推进剂等。如雨后春笋般的各种发明,催生了各种新式火药,满足了近现代工业和军事革新的技术需求,是整个近现代军事工业的奠基石。

火药家族:因技术创新而人丁兴旺

1771年,英国P.沃尔夫合成了苦味酸,最初作为黄色染料使用,后发现具有爆炸功能,19世纪被广泛用于军事,用来装填炮弹,是一种猛炸药。

1779年,英国化学家E.霍华德发明一种起爆药——雷汞,可用于配制火帽击发药和针刺药,也可用来装填雷管。

1807年,苏格兰人发明了以氯酸钾、硫、碳制成的击发药。

1845年,德国化学家C.F.舍恩拜因将棉花浸于硝酸和硫酸混合液中,洗掉多余的酸液,发明硝化纤维。15年后,该国少校军官E.邻尔茨用硝化纤维制成枪炮弹的发射药,俗称棉花火药。至此硝化纤维火药取代了黑火药作为发射药。

1846年,意大利化学家A.索布雷将甘油、硝酸和浓硫酸按1:2:4的比例混合,首次制得硝化甘油。这是一种烈性液体炸药,轻微震动即会剧烈爆炸,不宜工业化生产。

1863年,J.威尔勃兰德发明出了梯恩梯炸药。这是一种威力强且安全的炸药,即使被子弹击穿也很难燃烧和起爆。20世纪初被广泛用于装填各种弹药,逐渐取代了苦味酸。

1884年,法国化学家、工程师P.维埃利发明了无烟火药,消除了有烟火药燃爆后杂质太多,容易阻塞枪管的弊端,为枪弹连发扫清了技术障碍,著名的马克沁重机枪就是在此背景下出现的。自此无烟火药成为普遍使用的发射药。

1899年,德国人亨宁发明了黑索今,它是一种比梯恩梯威力更大的炸药,其威力仅次于核武器。

由此可见,黄火药的发展经历了一个多世纪,并导致了近代军事的重大变革。而作为发射药的黑火药在19世纪就基本被淘汰了,随着无烟火药、双基火药、雷管、梯恩梯等的出现,才引发了新一轮军事革命,从而产生了现代意义上的枪炮、炸弹和火箭、导弹。

◀火药制成的推进剂将火箭发射上天

诺贝尔：工业化生产炸药第一人

▲诺贝尔

阿尔弗雷德·贝恩哈德·诺贝尔（1833—1896），是瑞典化学家、工程师和实业家，诺贝尔奖的创立人。

1862年，他研究出了用温热法制造硝化甘油的安全生产方法，使之能够比较安全地成批生产。1863年秋，诺贝尔和他的弟弟一起，在斯德哥尔摩海伦坡建立了一所实验室，从事硝化甘油的制造和研究。这年年底，诺贝尔发明了控制硝化甘油爆炸的有效方法。起初他用黑色火药作引爆药，后来使用雷管代替。1864年他取得了这项发明的专利权。

正当事业初获成功时，厄运接踵而来。1864年9月3日，海伦坡实验室发生爆炸，包括诺贝尔弟弟在内的5人被当场炸死。因周围居民强烈反对，诺贝尔只好到马拉伦湖的一只船上研制硝化甘油。1865年3月，诺贝尔在温特维根建造了世界上第一个硝化甘油工厂。那个时期，他生产的硝化甘油，安全系数仍然不高。运输炸药的火车、海轮，甚至生产工厂，都发生过爆炸。一些国家下令禁止制造、贮藏和运输硝化甘油。

1866年，他在反复试验中发现，用木炭粉、锯木屑、硅藻土等吸收硝化甘油，能减少容易爆炸的危险。最后，他用一份重的硅藻土，去吸收三份重的硝化甘油，第一次制成了运输和使用都很安全的硝化甘油工业炸药。这就是诺贝尔安全炸药，俗称黄色火药。

为了消除人们对安全炸药的怀疑和恐惧，1867年7月14日，诺贝尔在英国的一座矿山做了一次对比实验：他先把一箱炸药放在木柴上，点燃木柴，没有爆炸；他再把一箱炸药从约20米高的山崖上扔下去，也没有爆炸；然后，他在石洞、铁桶和钻孔中装入炸药，用雷管引爆，结果都爆炸了。不久，诺贝尔建立了安全炸药生产营销营的垄断组织，向全世界销售。从此，人们结束了手工作坊生产黑色火药的时代，进入了安全炸药的大工业生产阶段。

1872年，他在硝化甘油中加入硝化纤维，发明了一种树胶样的双基炸药。他还将硝酸铵加入安全炸药，代替部分硝化甘油，制成更加安全而廉价的特强黄色火药。1887年，他把少量的樟脑，加到硝化甘油和火棉炸胶中，发明了无烟火药。直到今天，这种火药仍在军工领域普遍使用。

制造炸药既要威力强劲，又要安全可控，诺贝尔很好地解决了这些难题，他一生获得各种专利权355项，被后世称为炸药大王。晚年，他曾做过人造丝和人造橡胶的试验，虽然没有成功，但对后来的发明有启发借鉴意义。

▶斯德哥尔摩市政厅，诺贝尔奖在这里颁发

最为广泛的步枪

▲前苏联AK47突击步枪

步枪的发展过程基本上与手枪类似,都经过火绳枪、燧发枪、前装枪、后装枪、线膛枪等几个阶段。步枪按自动化程度可分为非自动、半自动(自动装填)和全自动三种,现代步枪多为自动步枪。按用途可分为普通步枪、突击步枪(又称自动步枪)、卡宾枪和狙击步枪。按使用枪弹又可分为大威力枪弹步枪、中间型威力枪弹步枪、小口径枪弹步枪。

一战前的步枪:滑膛、前装至线膛、后装

15世纪初,欧洲开始出现最原始的步枪,即火绳枪。到16世纪,由于点火装置的改进发展,火绳枪又被燧发枪取代。从16至18世纪的300年间,囿于当时的技术条件,步枪都是前装枪,使用起来费时费事,极为麻烦。

1825年,法国军官德尔文对螺旋形线膛枪作了改进,设计了一种枪管尾部带药室的步枪,并一改过去长期使用的球形弹丸,发明了长圆形弹丸。德尔文的发明对后来步枪和枪弹的发展都具有重大影响,明显提高了射击精度和射程,所以恩格斯称德尔文为"现代步枪之父"。但德尔文步枪仍是从枪口中装弹的前装式枪。

到19世纪40年代,德国研制出德莱赛击针后装枪,这是最早的机柄式步枪。这种枪的弹药从枪管的后端装入并用击针发火,因此比以前的枪射速快4~5倍。但步枪的口径仍保持在15~18毫米之间。到60年代,大多数军队使用的步枪口径已经减小到11毫米。19世纪80年代,由于无烟火药在枪弹上的应用,以及加工技术的发展,步枪的口径大多减小,一般为6.5~8毫米,弹头的初速和密度也有提高和增加,因此步枪的射程得到增加,精度得到提高。德国的毛瑟步枪是当时的代表之作。

19世纪末,步枪自动装填的研究已开始。1908年,蒙德拉贡设计的6.5毫米半自动步枪首先装备墨西哥军队。第一次世界大战后,许多国家加紧了对步枪自动装填的研制,先后出现了苏联的西蒙诺夫、法国的1918式、德国的伯格曼等半自动步枪。

▲美国M14步枪

▲正在进行实弹射击的美国M16突击步枪

二战后的步枪：向武器系列化和弹药通用化发展

至第二次世界大战后期，各国出现的自动装填步枪性能更加优良；而中间型威力枪弹的出现，致使射速较快、枪身较短和质量较小的全自动步枪研制成功，这种步枪亦称为突击步枪，如德国的stg44突击步枪、苏联的AK-47突击步枪等。

第二次世界大战后，针对枪型不一、弹种复杂所带来的作战、后勤供应和维修上的困难，各国不约而同地把武器系列化和弹药通用化作为轻武器发展的方向，并于20世纪50年代基本上完成了战后第一代步枪的换装。以美国为首的北约各国于1953年底正式采用美国T65式7.62×51毫米枪弹作为该组织的制式步枪弹，即NATO弹，并先后研制成了采用此制式弹的自动步枪。例如，美国的M14自动步枪、比利时的FNFAL自动步枪、联邦德国的G3式自动步枪等。

根据以往的战争经验，出于步枪的射程和创伤弹道等问题的考虑，

▼正在进行实弹射击检测的法国FAMAS突击步枪

美国于1958年开始进行发射5.56毫米枪弹的小口径步枪的试验，致使发射M193式5.56毫米枪弹的M16小口径自动步枪的问世。该枪于1963年定型，在越南战争中使用后，美国又对其作了进一步改进，于1969年大量装备美

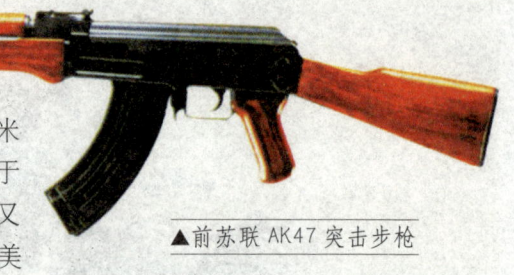

▲前苏联AK47突击步枪

国军队。鉴于M16自动步枪具有口径小、初速高、连发精度好、携弹量增加等优点，北约各国也都竞相发展小口径步枪，并出现了一系列发射比利时SS109式5.56毫米枪弹的小口径步枪。此后，北约绝大多数国家都完成了战后步枪的第二次换装。其中有些步枪还可根据作战需要，既可单发射击，又能连发射击，实施3发点射，还可发射枪榴弹。部分步枪为了缩短长度采用无托结构。法国的FAMAS自动步枪，就是这类步枪的典型代表。

　　苏联在采用发射M43式7.62毫米中间型枪弹的AK47和AKM突击步枪的同时，也加强了小口径步枪的开发与研制，并于1974年定型了AK74式5.45毫米小口径突击步枪。至此，步枪小口径化、枪族化、弹药通用化已取得了决定性的进展。随着中间型枪弹和小口径枪弹的发展，自动步枪、狙击步枪、突击步枪和短突击步枪等现代步枪也得到更广泛的发展。

　　近20年来，由于科学技术的迅速发展，也出现了一些性能和作用独特的步枪，如无壳弹步枪、液体发射药步枪、箭弹步枪、未来先进战斗步枪等，为步枪的发展开辟了新的途径。

世界六大名枪：锋芒毕露各具特色

俄罗斯AK47 当今世界使用最广、数量最多的突击步枪。由于该产品定型较早，且发射的是7.42毫米的中径弹，导致武器后座偏大，枪口上掉严重，尤其是实地连发射击时，精确度远不能与现代小口径步枪相比。据2001年统计，此枪全球约有5000万支。

美国M16 世界上第一支军用小口径步枪，后坐力小，便于控制。作为第二代突击步枪的代表，M16的射击精确度，不论是单发还是连发都优于第一代AK47。主要毛病是容易卡壳。

德国G36 1995年开始列装，属于第三代突击步枪，声名不及M16、AK47、

▼俄罗斯AK47　　▼奥地利AUG　　▶德国G36

AUG等突击步枪,没有经过实战检验。但是绝妙的构思,看似常规却处处透出非常规之举。该枪配备准直和望远式两套光学瞄准具,并加装夜视仪,射击精确度高。

法国FAMAS 1971年设计,全球首支无托突击型小口径步枪。在亚非许多国家和地区军队中装备。提把将照门和准星包含在内,具有很好的防护作用。另外,该枪还加装有两脚架,射击精确度在现代无托步枪中当数最好。

中国95 战术技术性能优良,标志着中国小口径班用轻武器的发展已步入世界先进水平行列。该枪质量轻、体积小、威力大、动作可靠,是许多世界名枪无法比拟的。单发射击精确度与法国FAMAS相差无几。

奥地利AUG 除装备奥地利军队外,还装备阿根廷、澳大利亚、新西兰等40多个国家地区。通过更换不同长度的枪管,实现短步枪、机枪和卡宾枪切换。虽然有利于简化后勤保障,但容易在枪管与机匣连接处形成空隙,射击时造成枪管微小径向摆动,影响射击精确度。

▼中国95

▶法国FAMAS

▼美国M16

来复枪——线膛枪的代名词

来复枪是英文rifle的译音,意思是枪管中的膛线。因此可以认为凡具有膛线的枪都可以称作来复枪。由于枪管有膛线,来复枪的射程和威力都要比滑膛枪大得多,因此来复枪从19世纪以来成为枪械发展主流。来复枪枪管内的膛线能给子弹一股旋转的力量,因此与滑膛枪相比,它的精确度较高,射程较远。来复枪原产地在德国莱茵兰,后传到北美。居住在宾夕法尼亚的德籍工匠又把它们改制为殖民地的樵夫使用的重量较轻、枪管较长的来复枪。

18世纪末,来复枪已应用于欧洲战争。由于子弹必须用木槌敲到枪管里去,装弹十分费时,加之造价较高,因此,在军队中普及率不高。19世纪初,英国轻步兵最先对来复枪作了改进,使之适合正规作战的需要。在队形密集的滑枪士兵队伍中,插进了少量来复枪士兵。这种士兵既能单兵作战,又能在密集队列中射击,是全能步兵的起源。

走向的瞄准

著名的枪械设计师约翰·摩西·勃朗宁，出生于美国一个颇有声望的军械世家，1897年后移居到比利时。勃朗宁曾根据博查德的发明设计了多种性能优良的手枪，其中某些类型的勃朗宁手枪至今仍在许多国家的军队中装备使用。

德国人P.P.毛瑟，1865年发明了毛瑟枪，这是最早的机柄式步枪，后来又进行了不断改进和完善。毛瑟枪有螺旋形膛线，采用金属壳定装式枪弹，使用无烟火药，弹头为被甲式。毛瑟枪完成了从古代火枪到现代步枪的发展演变过程，具备了现代步枪的基本结构。

勃朗宁和毛瑟的发明自然是为战争服务，但他们没有想到，正是这些枪械，曾引发了一场全球性的战争灾难，曾使一名美国总统死于非命，也曾经让一位英国骑兵连连长绝处逢生，并且日后成了首相。

勃朗宁自动手枪：夺去800万条生命的惊天射杀

20世纪初，两次巴尔干战争鼓舞促进了该地区民族争取独立的运动。尤其是波斯尼亚和黑塞哥维那两地的斯拉夫人，强烈要求摆脱奥匈统治，与塞尔维亚合并，建立统一的国家。反奥的青年组织和秘密团体不断出现，要求实现南部斯拉夫民族统一，建立"大塞尔维亚国"的民族运动不断高涨。奥匈帝国为了对塞尔维亚实施武力炫耀和威胁，以塞尔维亚为假想敌，在邻近塞尔维亚边境的波斯尼亚举行军事演习。狂热的军国主义分子弗兰兹·斐迪南大公亲自检阅这次演习。

▲勃朗宁老式手枪

▶枪械发明家勃朗宁

1914年6月28日，检阅完毕后，斐迪南偕同妻子乘敞篷汽车，在总督和市长的陪同下，傲然自得地前往萨拉热窝市政厅。当车队行驶到闹市中心时，事先埋伏在路旁的波斯尼亚青年查卜林诺维奇冲上前去，向斐迪南乘坐的汽车投掷一枚炸弹，炸弹在车后爆炸，只伤了一名随从军官。斐迪南故作镇静，命令车队继续前进。斐迪南夫妇参加完市政厅举行的欢迎仪式，返回行驶到一个街口转弯处时，隐蔽在路旁的塞尔维亚族爱国青年加弗利尔·普林西波，急步上前，用手枪对准斐迪南夫妇连发两枪，两人当场毙命。

这一事件使早已渴望战争的德皇威廉二世兴奋异常，竭力鼓励奥匈对斯拉夫人动武。在协约国方面，俄法表示支持塞尔维亚，英国表面上对德国表示保持中立，私下却鼓励俄国备战。在群狼各有所图的架弄和参与下，奥塞冲突最终导致全面的欧洲大战。萨拉热窝事件因而成为第一次世界大战的导火索，令全球陷入有史以来规模最大的战争中，到1918年一战结束，超过800万人在战争中死亡。

加弗利尔·普林西波后来被法庭判处15年徒刑，刺杀所用的勃朗宁自动手枪，起

▲德国毛瑟手枪

初在警察手里,后警方将手枪交给主持斐迪南丧礼的牧师,此枪便一直由牧师保管。20 世纪 20 年代牧师去世后,他的财产由维也纳的耶稣会负责保存,手枪也不知去向。2004 年 6 月,奥地利一个修道院在大扫除时,意外发现了那把引发了第一次世界大战的手枪,竟然藏身于该修道院的角落里。这把手枪如今收藏在维也纳博物馆,一名发言人说:"这真是个伟大的发现。"

毛瑟枪:刺杀肯尼迪、拯救丘吉尔

1963 年 11 月 22 日中午,美国第三十五任总统约翰·菲茨杰拉德·肯尼迪在夫人杰奎琳·肯尼迪和得克萨斯州州长约翰·康纳利的陪同下,乘坐敞篷轿车驶过得克萨斯州达拉斯的迪利广场(DealeyPlaza)时,遭到枪击身亡。约翰·肯尼迪是美国历史上第四位遇刺身亡的总统,也是第八位在任期内去世的总统。

负责总统遇刺案调查工作的沃伦委员会在经过了长达 10 个月的调查之后,于 1964 年 9 月发表了一份官方报告,在此份报告中指出,刺杀肯尼迪的凶手是得克萨斯州教科书仓库大楼的雇员李·哈维·奥斯瓦尔德,他从教科书大楼六层上的窗口,向乘坐敞篷车的总统开枪将其刺杀。众议院遇刺案特别委员会从 1976 年到 1979 年再次对总统遇刺案进行了详细的调查取证,并得出结论认为,奥斯瓦尔德刺杀肯尼迪绝不是个人行为。

刺杀肯尼迪的兵器是一支 6.5×52 厘米意大利产卡尔卡诺 M91/38 手动步枪。这种枪也称毛瑟枪。

1898 年 9 月,24 岁的骑兵连长丘吉尔率兵在非洲苏丹恩图曼大平原沿河行军时,被手持长矛的土著人包围了。面对危急的情势,士兵们用马刀反击,结果死伤惨重。丘吉尔见状,拔出手枪便将一个土著人击倒了。随后,他又换上一个 10 发弹匣,连连向进攻的土著人射击,终于杀出一条血路,突出了重围。

丘吉尔作为骑兵连长,本应和士兵一样佩戴马刀,但由于他肩部关节脱位,举刀不方便,只好花高价买了一支毛瑟手枪。在这次战斗中,如果没有毛瑟枪,丘吉尔恐怕也已成了土著人的刀下鬼了。

丘吉尔:"坦克之父"

丘吉尔改进和大量建造"雌雄坦克",使轮式装甲汽车演变成威力巨大的现代坦克。他因此被尊称为"坦克之父"。

坦克发明之后,英国陆军并不认可,时任海军大臣的丘吉尔看见了发明者的报告,喜出望外。当时他领导的海军航空队编有一支轮式装甲车部队,所以丘吉尔对装甲车的重要性十分清楚。丘吉尔随即下令成立了"陆地战舰委员会",亲自领导研制工作。

英国人为制造出的第一批坦克装备了不同的兵器,英国人把装有机枪的坦克戏称为雌性坦克,而把装有火炮的称为雄性坦克。而且,英军还于 1916 年 5 月组建了世界上第一支雌、雄坦克部队。在著名的索姆河战役中,坦克第一次参战,给对手造成了巨大的恐慌。

枪弹的发展

枪弹由弹壳、底火、发射药、弹头四部分组成。发射时由撞针撞击底火,使发射药燃烧,产生气体将弹头推出。

▲金属子弹

火帽:历经多年探索

在黄火药发明创造突飞猛进之时,近代枪炮技术也同步发展。1800年,人们发现了雷汞,紧接着便又发明了含雷汞击发药的火帽。1808年,法国人包利应用纸火帽,并使用了针尖发火。1814年,美国首先试验将击发药装入铁盂用于枪械。1817年,美国人艾格把击发药压入铜盂中,发明了火帽,火帽的应用对后膛装填射击武器的发展至关重要。1821年,英国人理查斯发明了一种使用纸火帽的"引爆弹",后来有人在长纸条或亚麻布上压装"爆弹"自动供弹,由击锤击发。1840年,德国人德莱赛发明了针刺击发枪,弹药从枪管后端装入,并用针击发火。1860年,美国首先设计成功了13.2毫米机械式连珠枪,开始了弹夹的使用。

纸壳枪弹:过渡时期的产物

1800年,人们发现了雷汞,紧接着便又发明了含雷汞击发药的火帽。把火帽套在带火孔的击砧上,打击火帽即可引燃膛内火药,这就是击发式枪机。随后,1812年在法国出现了定装式枪弹。它是将弹头、发射药和纸弹壳连成一体的枪弹。于是,人们开始从枪管尾部装填枪弹。

在枪弹的发展史上,纸壳子弹虽不是那么有名,但在枪弹历史上也占有一席之地,早期的前装枪,一般都是直接从枪口往内加火药,然后再装入弹头,操作缓慢而且每次的装药量不确定,因而射击效果也不稳定,而定量装药无非是解决这一问题的有效方式,在那个时代,尚没有现在这么先进的加工技术。但是为了使装弹速度加快,且药量一定,纸质弹壳就应运而生,最初的纸质弹壳只使用纸卷成的筒,里面装有火药,但弹头与之分别装入,装填速度仍较慢。后来人们把弹头和火药一同装入纸质弹壳内。

▼德国"绍尔"袖珍手枪所用子弹

当发明了底火后,人们把底火、发射药、弹头包装在一起,极大地提高了射击速度。然而,纸壳子弹没有可靠的密闭,影响射击精度,并使枪机结构复杂化了。

现代意义上的枪支由普鲁士军械工人冯·德雷泽于1835年发明,他把这种枪称为"针枪"。一勾扳机，长撞针从弹药筒的底部穿过，插入炸药，刺穿雷管，引发炸药爆炸，将弹丸发射出去。后膛迅速装弹这一优点，使德雷泽枪成了一种优越的武器，并于1840年迅速装备了普鲁士军队。

击针枪比以前的枪具有更快的射速，而且射手能以任何一种姿势重新填子弹。可是在当时，绝大部分的国家极力反对后装枪。但战争使反对者迅速改变了看法，

▲ AK-47步枪用的"1943年型"子弹

1866年，奥地利军队在与德国的战争中，遭到了后装枪的沉重打击，于是法国、俄国、奥地利还有欧洲其他国家都纷纷装备了这种可以以卧姿装弹的后装枪。

金属枪弹：成就毛瑟枪

在19世纪70年代，击针枪被更完善的机柄式步枪所代替，这种步枪使用定装式金属壳子弹和装有弹簧击针的活动枪机，把气体密封起来，解决了令人头疼的后喷问题。这种从后面装子弹的武器具有了前人无法想象的射程、准确性和发射速度。在1870年的色丹战役中，历史上最后的一次大规模骑兵冲锋，再一次遭到了惨重的死亡，再一次证明了这种后装弹武器的巨大威力。

世界上最早使用金属弹壳枪弹的直动式军用手枪是德国人彼得·保罗·毛瑟发明制造的。毛瑟是德国的一个著名枪械工匠，生于1834年，卒于1914年。他发明的这一支枪的枪机于1868年在美国获得专利权，专利权上开列的合作者，即共同发明人是他的胞兄威廉和一个名叫塞缪尔·诺里斯的美国人。毛瑟的大名不仅与许多步枪联系在一起，而且不少手枪和左轮手枪亦多用其姓氏命名。直动式军用步枪，亦称毛瑟步枪。由德国奥伯恩多夫兵工厂1871年制造，因此又称1871式毛瑟步枪。这种步枪口径为11毫米，枪管内有螺旋膛线，发射金属弹壳枪弹。射击时，由射手操纵枪机机柄，实现开锁、退壳、装弹和闭锁。

毛瑟步枪的发明是步枪史上的一次重大变革。

德莱赛半自动手枪

1908年，德国选定巴拉贝鲁姆（卢格）半自动手枪作军用制式手枪，并选定该枪使用的9×19毫米枪弹为制式枪弹。一战在即，德军对手枪的需求量大大增加，然而巴拉贝鲁姆手枪结构复杂，生产效率不高。因此，莱尼谢·梅塔尔巴伦与马西内恩法布利克于1910年将德莱赛M1907半自动手枪大型化，即德莱赛M1910半自动手枪，最初在德国称为9毫米巴拉贝鲁姆德莱赛手枪。该枪的特点是，采用可使结构简化的自由枪机式工作原理，发射威力较大的9×19毫米枪弹。该枪套筒内装有强力复进簧，所以向后拉套筒较费力，于是，该枪又配装了可使套筒上部抬高以解除套筒与复进簧接触的特殊装置。

近代中国兵器

清末洋务运动是近代中国兵工发展的开端。所谓洋务运动，指学习西洋事务的运动。经过丧权辱国之痛后，当时朝野上下一致认为，中国不如西人，只是器械而已，只要师夷长技，便可达到与洋人对等的地位。对于制度、教育、基础科学研究、民智启蒙等，完全没有涉及。人们习惯认为，洋务运动从第一次鸦片战争后开始，以甲午战争惨败告终。

鸦片战争：兵器决定胜负没有变数

枪支对比：清军使用枪支是仿造明代从西方引进的鸟铳，其形制功能比英军落后了200多年。枪长2米，射程约100米，射速为每分钟1~2发，且质量低劣，严重老化。而英军则配备伯克式前装滑膛燧发枪和布伦士威克式前装滑膛击发枪，这两种枪枪长不超过1.5米，射程200~300米，射速为每分钟2~4发。

火炮对比：两军火炮式样和机理大体相同，都为前装滑膛炮，但在制造工艺和质量上差距很大。在铸炮工艺上，工业革命后英国冶铁技术进步显著，并使用了铁模等工艺，火炮设计合理，射击精确度高；清军铸炮用铁杂质多，沿用传统泥模工艺，炮管容易炸裂，威力小，射击精确度低，有的火炮还是明代铸造的。在炮弹种类及质量上，英军装备实心弹、霰弹、爆破弹，清军使用实心弹，而且弹体粗糙、弹径偏小，射程和射击精确度大受影响。

火药对比：英国火药生产已进入机械化生产阶段，火药配方合理，可根据弹炮弹的需要调整硝、硫、炭的比例。清军火药由工匠根据经验在作坊里生产，爆炸效力低，容易发潮，难以久贮。

舰船对比：英国军舰下部为双层结构，外面包裹金属材料，可防沉防朽防火；船上至少有两根桅杆，悬挂十余面帆，可利用各种风向航行；安装10~120门大小火炮，火力强劲且覆盖面广。清军水军主要为福建和广东两支水师，从未出洋作战，主要担任近海巡逻、守卫海岸的任务。最大战舰吨位不及英军等外级军舰，安炮最多的军舰仅与英军火力最弱的军舰相当。另外，清军战舰在航率很低，鸦片战争前福建水师共有舰船242艘，在航率不到一半。舰船的全面落后，使得清军不敢出海迎敌，任凭英军横行于中国海面。

▼鸦片战争中清军所用大炮

江南制造局：生产出中国首艘汽船

在中国同治年间，江南机器制造局是东亚最大的兵工厂，对于清朝的

▲清江南制造局炮厂

军事力量以及重工业生产都有提升作用。从 1865 年开始，在李鸿章、曾国藩的主持下，江南机器制造局开始了对德式武器的仿制，1867 年仿制出德国毛瑟前膛步枪，这是中国自己生产的第一种步枪，该枪使用黑火药和铅弹头。在 1867 年，每天平均可以生产十五支毛瑟枪和各式弹药。李鸿章认为当时该局生产的枪械弹药，对于后来平定捻乱有所助益。除了枪弹之外，该局也在 1868 年生产出了中国第一艘自造的汽船惠吉号，并于 1891 年为中国首次炼出钢铁。

晚清时期，江南制造局军备产品质次价高，生产的步枪性能不佳，连李鸿章的淮军都拒绝使用。生产的汽船速度很低，耗燃惊人，而且价格奇高，自造一艘的成本，大约可以向英国买两艘船。制造局军备生产成本高涨，既有生产原料依靠进口、申购物资泛滥的原因，也有冗员现象严重的因素。不仅外国顾问日渐增加，中国官员、职员也有不少人利用关系进入，坐领干薪。19 世纪 70 年代初期，制造局官员只有 40 人，不到十年人数就增加了一倍。

汉阳兵工厂：开国第一枪在此诞生

汉阳兵工厂制造的一种步枪，旋转枪栓，双前栓榫锁定，曼里夏式弹匣，表尺照门、刀片形准星瞄准具，枪管长度 29.13 厘米，枪重 4.14 千克，俗称"汉阳造"。

此枪从 1895 年开始生产，一直到 1944 年该厂改造成正式步枪，在中国前后生产了将近 50 年。由清朝新军开始，"汉阳造"先后装备过北洋军、北伐军、中央军、红军。直到朝鲜战争，中国人民志愿军仍有许多部队持着汉阳造，在冰天雪地中与十六国联军拼杀。

1911 年 10 月 10 日晚 8 时许，在武昌城南的新军第八镇工程营房里，革命党人打响了锋锐直指清王朝的武昌首义第一枪。新军第八镇工程营晚 8 时，后队正目（班长）、革命党人代表熊秉坤在武昌领导新军起义，拉开了武昌首义的序幕。工程营正准备发难，排长陶启胜上楼见金兆龙装束有异，呼人将金拿下，一面自己上前摘金所持枪，金与陶扭打，工程营革命大队部参议程定国闻声赶到，本想开枪，怕误伤金，乃用枪托猛击陶头部，陶负伤逃走。其他官长赶来，被程定国当场击毙。经一夜浴血激战，革命军攻克湖广总督署和湖北藩署。革命军与清军在汉口及武昌均发生激战。驻汉阳新军四十二标第一营党代表胡玉珍次日起义，举右队队官宋锡全为指挥官，占领兵工厂，接收工众 3000 余人，及大量步枪、山炮。

程定国当时所用枪为"汉阳造"，因此该枪也被称为"开国第一枪"。程定国虽有开国第一枪之功，后因支持袁世凯，为国民党人沉杀于长江中。

▼汉阳造

异军突起的机枪

机枪带有两脚架、枪架或枪座，能实施连发射击的自动枪械。机枪以杀伤有生目标为主，也可以射击地面、水面或空中的薄壁装甲目标，或压制敌火力点。通常分为轻机枪、重机枪、通用机枪和大口径机枪。根据装备对象，又分为野战机枪（含高射机枪）、车载机枪（含坦克机枪）、航空机枪和舰用机枪。轻机枪装有两脚架，重量较轻，携行方便。战斗射速一般为每分钟80～150发，有效射程500～800米。重机枪装有稳固的枪架，射击精度较好，能长时间连续射击，战斗射速为每分钟200～300发，有效射程平射为800～1000米，高射为500米。通用机枪，亦称两用机枪，以两脚架支撑可当轻机枪用，装在枪架上可当重机枪用。大口径机枪，口径一般在12毫米以上，可高射2000米内的空中目标、地面薄壁装甲目标和火力点。

▲马克沁重机枪

4挺马克沁重机枪：一场战役打死3000多人

马克沁重机枪由美国工程师海勒姆·斯蒂文斯·马克沁发明。他出身贫寒，通过勤奋自学而成为知名的发明家。1882年，马克沁赴英国考察时，发现士兵的肩膀被老式步枪的后坐力撞得青一块紫一块。马克沁感到，强大的后坐力可以成为武器自动连续射击的理想动力。他首先在一支老式温切斯特步枪上进行改装试验，利用射击时子弹喷发的火药气体使枪完成开锁、退壳、送弹、重新闭锁等一系列动作，实现了单管枪的自动连续射击，并减轻了枪的后坐力。1883年，马克沁成功研制出世界上第一支自动步枪。后来，他根据从步枪上得来的经验，进一步发展和完善了他的枪管短后坐自动射击原理。

▼德国MG－34式机枪

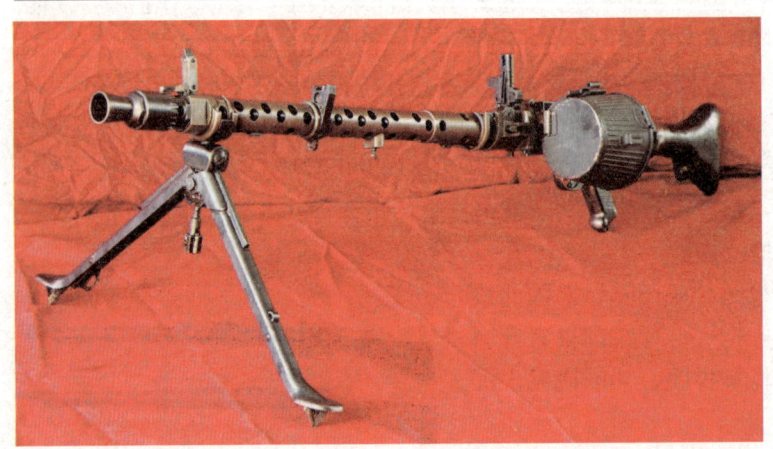

他还改变了传统的供弹方式，制作了一条长达6米的帆布弹链，为机枪连续供弹。为给因连续高速射击而发热的枪管降温冷却，马克沁还采用水冷方式。1884年，马克沁在制造出世界上第一支能够自动连续射击的机枪，射速达每分钟600发以上。

　　10年后,马克沁重机枪被英国人首次应用于实战,身处南部非洲罗得西亚的英国军队,与当地麦塔比利人发生战争。一次战斗中,一支50余人的英国部队,仅凭4挺马克沁重机枪打退了5000多麦塔比利人的几十次冲锋,打死了3000多人。

　　马克沁重机枪的出色表现,使得许多国家纷纷仿制,一些发明家和设计师还对其进行了技术革新。1892年,美国著名械设计家勃朗宁和奥地利陆军中尉冯·奥德科莱克几乎同时发明了导气式自动机枪,这种结构至今仍为大多数机枪采用。美国枪械设计师B.B.霍奇基斯设计了气冷式机枪,取消了水冷式机枪上笨重的注水套筒,使机枪更为轻便。

MG-34式机枪:希特勒瞒天过海的产物

　　在第一次世界大战中,水冷式重机枪显示了强大威力。在1919年签订的凡尔赛和约中,美、英、法等战胜国明文禁止德国研制水冷式重机枪。希特勒建立德国纳粹政权初期,既要重整军备,发展新武器,又要掩人耳目,避免列强的制裁。所以德国在发展轻机枪的幌子下,于1934年研制出一种新型的MG-34式机枪。这种枪改水冷为空气冷却,通过更换枪管的办法解决枪管过热的问题,供弹采用弹链、弹鼓两种方式,支架可两脚、三脚互换。装两脚架、配弹鼓,就是轻机枪;装三脚架、配弹链,就是重机枪,这是世界上第一种轻重两用机枪。

　　MG-34式机枪在第二次世界大战中显示了优越性,其他国家纷纷效仿,在第二次世界大战后研制出了多种两用机枪。如今,轻重两用机枪已经基本取代了重机枪。

▼德国MG-34式机枪

第十章

雷霆万钧的火炮

火炮是以发射药为能源发射弹丸，口径在20毫米以上的身管射击武器。火炮种类较多，配有多种弹药，可对地面、水上和空中目标射击，歼灭、压制有生力量和技术兵器，摧毁各种防御工事和其他设施，击毁各种装甲目标和完成其他特种射击任务，是陆军的重要组成部分和主要火力突击力量。

火炮家族

火炮的出现，使战争的残酷程度急剧提高。它具有强大的火力、较远的射程、良好的精度和较高的机动能力，能集中、突然、连续地对地面和水面目标实施火力突击。主要用于支援、掩护步兵和装甲兵的战斗行动，并与其他兵种、军种协同作战，也可独立进行火力战斗。炮兵在历史上有"战争之神"的称号。

辉煌历史：外号战争之神

早在春秋时期，中国已使用一种抛射武器——礮。至迟 10 世纪火药用于军事后，礮便用来抛射火药包、火药弹。至迟在元代，中国已经制造出最古老的火炮——火铳。13 世纪中国的火药和火器西传以后，火炮在欧洲开始发展。14 世纪上半叶，欧洲开始制造出发射石弹的火炮。

在火药武器真正派上用场之前，曾经过数个世纪的实验。发展火药的最大难题，就是燃点快、质量均匀和威力强大，此外，设计出合适的火炮也非易事，倘若设计不当即无法开火。由于受到早期的制造技术所困，施放火炮者所面临的危险程度，其实与炮击目标物所差无几。例如在 1460 年时，苏格兰国王约翰二世就是在点燃火炮时，因为火炮发生爆炸死于非命。

到了 15 世纪中期，火炮与火药的技术已经达到高峰，跃升为重要的武器。最明显的例子，是在 1453 年时，君士坦丁堡的城墙，被攻城巨炮所发射的大石炮弹所轰毁。虽然君士坦丁堡的陷落，似乎是因为小城门被轰开所致，但其实可归因于炮轰让突击成为可能的因素。

中古时代的火炮，被用作攻城时炮轰城墙以及在战场上向大批的敌军开火之用。它们可以精准地轰毁在城堡里面建筑物的垂直外墙，因此人们便发展出倾斜低矮的外墙代替高耸垂直的外墙。在这段时期里，火炮在战场上的作用有限，因为当时的火炮仍非常笨重，在作战时，很难移到新的位置上开火。

为了提高炮兵火力的适应性，现代火炮除配有普通榴弹、破甲弹、穿甲弹、照明弹和烟幕弹外，还配有各种远程榴弹、反坦克布雷弹、反坦克子母弹、末段制导炮弹以及化学炮弹、核弹（见核武器）等，使火炮能压制和摧毁从几百米到几万米距离内的多种目标。

▼明代神威大炮

结构分类：大同小异又各有机杼

火炮通常由炮身和炮架两大部组成。炮身部由身管、炮尾、炮闩和炮口制退器组成。炮架部由反后坐装置、

> **辣椒炮弹**
>
> 1940年9月，百团大战第二阶段，385旅负责攻取管头据点，炮兵主任赵章成带一迫击炮连参加战斗。23日23时，炮击，但工事坚固，并没能摧毁。赵突发奇想，把炸药倒出一部分，将辣椒面装进去，制成20发。26日，把阵地设置在距敌150米处，先火力准备，然后发射辣椒炮弹。浓烈的辛辣气味熏得碉堡内的日军难以忍受，以为八路军打了毒气弹，纷纷弃堡出逃。我军乘机发起冲锋，占领了阵地。

摇架、上架、高低机、方向机、平衡机、瞄准装置、下架、大架和运动体等组成。

火炮有多种分类方法。按用途分为地面压制火炮、高射炮、反坦克火炮、坦克炮、航空机关炮、舰炮和海岸炮。其中地面压制火炮包括加农炮、榴弹炮、加农榴弹炮和迫击炮，有些国家还包括火箭炮。反坦克火炮包括反坦克炮和无坐力炮。按弹道特性分为加农炮、榴弹炮和迫击炮。加农炮弹道低伸，身管长，初速大，射角一般小于45°，用定装式或分装式炮弹，变装药号数少，适于对装甲目标、垂直目标和远距离目标射击。高射炮、反坦克炮、坦克炮、航空机关炮、舰炮和海岸炮都具有加农炮的弹道特性。榴弹炮弹道较弯曲，炮身较短，初速较小，射角可达75°，用分装式炮弹，变装药号数较多，弹道机动性大，适于对水平目标射击。迫击炮弹道弯曲，炮身短，初速小，射角为45°～85°，变装药号数较多，适于对遮蔽物后的目标射击。按运动方式分为自行火炮、牵引火炮、骡马挽曳火炮和骡马驮载火炮。按炮膛构造分为线膛炮和滑膛炮。有效射程从几百米到几万米不等。

炮兵按隶属关系，分为队属炮兵和预备炮兵；按运动方式，分为摩托化炮兵（机械化炮兵）和骡马炮兵；按装备战斗性能，分为榴弹炮兵、加农炮兵、山地炮兵、火箭炮兵、迫击炮兵、反坦克炮兵和地地战役战术导弹部队。队属炮兵指集团军以下各级合成军队建制内的炮兵，英、美、法等国家称"野战炮兵"。预备炮兵是隶属于统帅部或军区（方面军）建制的炮兵，有的国家称"最高统帅部预备队炮兵"。摩托化炮兵指火炮及其配套装备用自身的动力，或用汽车、履带车辆牵引和装载而进行运动的炮兵。骡马炮兵指火炮、仪器等装备由骡马挽曳或驮载进行运动的炮兵。山地炮兵是以轻型加农炮、榴弹炮和迫击炮为主要装备，用于在山地和难以通行的大起伏地作战的炮兵。反坦克炮兵是以反坦克武器为基本装备，以击毁敌坦克和装甲车辆为基本任务的炮兵，亦称反坦克歼击炮兵、防坦克炮兵等。地地战役战术导弹部队是以地地战术导弹、反坦克导弹和地空导弹为基本装备，在战术范围内以火力支援地面部队作战和掩护地面部队对空安全的部队。

目前，世界各主要军事强国的炮兵在陆军中所占的比例都比较高，在运用大规模的火炮压制敌人火力和歼灭敌有生力量的技术和规模上，以第二次世界大战中的苏联红军为最高境界。现在的俄罗斯陆军也继承了前苏联陆军的衣钵，在火炮技战术的发展和应用方面仍然走在世界的前列。

我国陆军也是比较崇尚运用大规模的火炮来压制敌人火力这一战术的，来弥补海空对敌打击的火力不足的这一缺憾，单纯从火炮的火力打击密度，运用步炮协同战术的熟练度，和火炮技术的先进程度来说，我国并不逊色于世界上任何一个军事强国。

新概念火炮闪亮登场

▲电磁炮

目前,发达国家的军队已进入一个被称作"军队新革命"的时代,它以科学技术新成就为基础,不断创造出原理上具有创新概念的武器系统。近年来,美国、英国、德国、法国、意大利等国家综合采用各种先进技术,改进原有的武器和弹药,研制和改进新概念火炮系统。

电炮

电炮能突破常规炮弹初速低于2000米/秒的界限,射程远,精度高,破坏力大,可分为电磁炮和电热炮两大类。

电磁炮利用电磁力来推动弹丸,电热炮利用电加热等离子体,使工质变成气体来推动弹丸毁伤目标,结构形式有导轨炮和线圈炮两种。导轨炮有两根平行的铜制导轨,当强电流从一根导轨经炮弹底部的电枢流向另一根导轨时,在两根导轨之间形成强磁场,磁场与流经电枢的电流相互作用,产生强大的电磁力,推动炮弹从导轨之间发射出去。导轨炮的特点是结构简单,但杀伤力较弱。线圈炮炮管由许多个同口径、同轴线圈构成,炮弹上嵌有线圈。线圈磁场与炮弹的感应电流相互作用,逐级把炮弹加速到很高的速度。线圈炮的优点是炮管间没有摩擦,能发射较重的炮弹,电能转换成动能的效率较高,但供电比较复杂。

电热炮,是利用电能来发射炮弹,利用动能来直接撞击和毁伤目标的新型武器。电热炮可细分为纯电热炮和电热化学炮。纯电热炮向炮管输入大电流,在炮弹内产生等离子体,加热分子量小的惰性工作流体使之急速膨胀,把炮弹发射出去,发射炮弹的能量全部来自电能。电热化学炮用碳氢化合物燃料加过氧化氢氧化剂代替惰性工作流体,在等离子体作用下,工作流体发生化学反应产生能量发射炮弹。这种炮的发射能量20%来自电能,80%来自化学反应。电热炮的优点是可用常规火炮改装,能将重量较大的炮弹发射到每秒2200~2500米的高速。其炮弹出膛速度比电磁炮速度慢,而且可以控制,所以可发射制导炮弹。

电磁炮作为发展中的高技术兵器,其军事用途十分广泛。用于天基反导系统,摧毁空间的低轨道卫星和导弹,还可以拦截由舰只和装甲发射的导弹。因此,在美国的"星球大战"计划中,电磁轨道炮成为一项主要研究的任务。用于防空系统:美军认为可用电磁炮代替高射武器和防空导弹遂行防空任务。用于反装甲武器:美国的打靶试验证明,电磁炮是对付坦克装甲的有效手段。用于改装常规火炮:可大大提高火炮的射程。

动能弹如此高速运动,也可以减轻弹芯的质量。所以初速的提高,不论弹径值保持不变还是缩小，都能大幅度提高穿甲性能。减小动能弹弹芯质量有两大优点：同样的携弹量，所需贮弹空间缩小，坦克的尺寸可大为缩小，提高了坦克的生存力；携弹量大大增加，缓和后勤供弹困难。还有两点必须指出：其一电磁炮不用发射药，其易损性就不再存在；其二要产生这样高的电能技术，在其他方面已有应用。这一切表明电磁炮作为未来主战坦克的主炮，前景令人鼓舞。目前的工作是直接制造能与主战坦克相结合的全尺寸雏形炮。主战坦克上装备电磁炮，可能在2010年以后。届时主战坦克的设计将发生根本性变革。

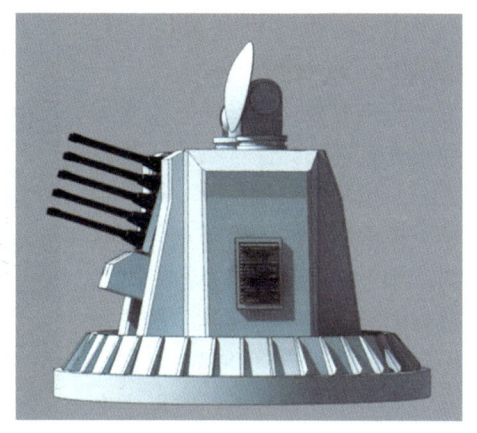

▲液体发射药炮效果图

液体发射药炮

液体发射药均为由液态物质组成用于身管武器发射的火药。液体发射药的优点是能量高，火焰温度低，安全性较好，可以调节喷入药量和燃烧速度，采用液体发射药还可取消药筒、提高武器射速等，是大幅度提高枪、炮性能的重要措施，将是身管武器发展史上的一项重大变革。液体发射药的研究始于20世纪40年代后期，其应用主要取决于如何向枪、炮药室灌注和密封技术的解决。自从世界上有了火炮，一直都是使用固体发射药发射弹丸。但是，固体发射药有很大的局限性，限制了火炮的进一步发展，不能适应现代战争的需要。于是，人们就想，比火炮出世还早的火箭，很早就采用了液体推进剂，那么，火炮能不能采用液体发射药呢？

液体发射药与固体发射药相比，其优点是可以提高初速和炮管使用寿命，能更好地利用车辆内部的空间，提高战车生存力，后勤供应方便，生产液体发射药的成本低廉。对于坦克炮来说，液体发射药最大的吸引力是可以提高武器性能，增加坦克的携弹量，降低坦克的易损性。

液体发射药炮目前主要存在的问题是燃烧过程不稳定，影响初速、命中精度和穿甲性能。目前研制中的实验型液体发射药炮大多采用再生喷入法，利用差动活塞注入，需要很高压力的泵，系统复杂，密封困难也未解决。点火和退弹也存在一些问题。此外，还有在坦克中与其他材料的相容性问题等。所以液体发射药炮首先可能在低速的炮兵武器上实现。

▼美国非瞄准线火炮

非瞄准线火炮：美军陆军未来火炮

非瞄准线火炮是美军未来战斗系统（FCS）的有人操控子系统之一，也称非直瞄火炮。它采用无人化炮塔，使操作手在驾驶舱内，利用装甲保护遥控火炮作业，采用闭环火控系统将各种传感器搜集到的数据自动处理，锁定目标，省去了光学瞄准系统而不再需人手操作。高度自动化使单门自行炮成员减为两人，射速高达每分钟6～8发。

▲美军非瞄准线自行火炮

2005年，非瞄准线火炮发射平台在亚利桑那州尤马试验场首次试射成功。非瞄准线火炮发射平台由美国BAE系统公司军械系统部研制。据BAE系统公司说，这次试射表明，美国火炮系统能够通过软件控制发射实弹。非瞄准线火炮发射平台是有人驾驶的火炮炮座地面平台系列的一部分，这种地面平台系列是美国陆军未来战斗系统的一部分。非瞄准线火炮发射平台是一种口径为155毫米的火炮系统，配备有全自动弹药装填系统。整个系统可装载24枚155毫米的射弹和混合模块装载系统。这种自动弹药装填系统不仅可以提高射速，射速高达每分钟10发，而且可将炮手减至两人。

激光炮

激光炮性能独特，前景广阔。它以激光发射镜为炮管，直接将束能以接近光速投射到目标上，使激光射中处瞬间被高热能毁伤。激光高射炮具有发射无需弹药、无声、无后坐力等特点，只要光能充足即可，可灵活、快速、高效打击不同方向的饱和攻击，所以发展激光高射炮备受世界各国青睐。

▼激光炮发射效果图

美国在激光炮的研制中，曾多次击落靶机、靶弹，美国陆军曾在演习中使用"鹦鹉螺"激光高射炮，仅用5秒钟就击落3架无人靶机。俄军最近新装备的激光防空系统由两辆车组成，一辆载电源，一辆载发射机，用雷达捕捉目标后，发射高能激光毁伤或激燃目标内的仪器。法、德两国也正在实施氧化碘化学助能激光高射炮的研制计划，让激光射束能更强、更远。

隐形炮

隐形高射炮生存力强，最适应全天候、全频谱作战。目前，发展隐形高射炮有以下三种类型。

涂料隐形。英、法军在1993年率先用吸波涂料研制出隐形高射炮；俄军现正研制用电质变色吸波薄膜等视频隐形新技术，不但让其具备吸波能力，而且能通过炮身颜色与地面背景调色，以求隐、景合一。

反红外隐形。高射炮电器部分工作时会不断向外辐射红外线，易遭红外侦察和红外导弹打击。为提高反红外探测能力，美国将"高灵敏"油冷装备安装在"回击者"自行高炮各电器上，消除了热能的向外辐射。

综合技术隐形。瑞典采用"综合隐身术"，将MK2式自行高射炮炮塔、甲板采用复合塑料制成，炮管护有玻璃钢筒体外套，电器部分加装速冷空调，用迷彩、隐身材料伪装车体，使红外线、电磁波向外辐射几乎为零。

▼俄罗斯海军新型21630隐形炮舰

两次绞肉机战役

第一次世界大战期间,法国小城凡尔登曾因一场战争而举世闻名,德法军队在此展开阵地战,火炮在这场战争中被运用到了极致。由于战争十分残酷血腥,所以被后人称为"凡尔登绞肉机"。

第二次世界大战之后,另一场举世闻名的密集炮火厮杀,出现在抗美援朝战争中的上甘岭战役。现今许多国家军事院校都将此作为经典战例写进教材。回顾这两场被兵家称为绞肉机的战役,可窥见火炮在战争中的地位,以及对生命高效而无情的掠夺。

凡尔登:巨炮对轰十个月

凡尔登战役是一战期间发生在德法军队之间的一场著名战争,火炮在这场战争中被运用到了极致。

▼凡尔登战役中德军"大贝尔塔"榴弹炮

▼凡尔登战场坑道中的士兵

凡尔登是法国东北部的一个小城,位于默兹河畔,地处丘陵环绕的谷地,西距巴黎225公里,东距梅斯58公里,历来有巴黎钥匙、欧洲要塞之称。当时的凡尔登是协约国军防线的突出部和通往巴黎的强固据点,对德军深入法国、比利时构成很大威胁。1916年,德意志帝国决定将进攻重点再次转向西线,力图打败法国,并决定选择凡尔登要塞作为进攻目标。

1916年2月21日7点15分,德军集中前线所有大炮开始炮击,从而掀开了凡尔登战役的序幕。炮群以每小时10万发以上的密度向法军阵地倾泻炮弹,连续轰击12小时,200多万发炮弹和燃烧弹密密麻麻地落在凡尔登周围14英里的三角地带。据当时的记载,历史上从未见过这样强烈的炮火,真是炮弹横飞,倾泻如雨,大地为之颤抖,法军第一道防线完全被浓烟烈火笼罩。德军的大炮如雷霆一般轰击,轮番的冲锋一浪高过一浪,弹药壳堆积如山,夷平了堑壕,炸毁了碉堡,并把森林炸成碎片,山头完全改变了面貌。

德军决心攻占凡尔登,法军不惜伤亡拼死抵抗,形成了伤亡惨重的拉锯战。

▲"联合国军"在强大炮火掩护下向上甘岭发起猛攻

密集的炮弹使大地震撼，人体、装备和瓦砾像谷壳般飞掷到天空，爆炸的热浪融化了积雪，灌满水的弹穴淹死了许多伤兵，凡尔登满目疮痍，最深的弹坑有10层楼那么深。到12月18日战争结束时，法军损失54.3万人，德军损失43.3万人。这场大规模的流血厮杀是极为典型的阵地战、消耗战，被称为"凡尔登绞肉机"，凡尔登战场也因此有了"大屠场"和"地狱"之称。这场战役是第一次世界大战的转折点，德意志帝国从此江河日下，最终走向失败。

上甘岭："一生中最残酷的战役"

上甘岭是朝鲜中部一个十几户人家的小山村，位于志愿军中部战线战略要点五圣山南麓，阵地突出，距"联合国军"的金化防线仅5公里。

上甘岭虽然战略位置重要，但地形特别狭小，长约2700米，宽约1000米，只有597.9和537.7两个高地，当时志愿军仅驻守了15军45师135团两个连。因此，交战之初双方都难以预料此战会有惊人的规模和持续时间。"联合国军"计划以伤亡250人为代价，在5天内拿下两个高地。

当时，"联合国军"调集美第7师、美第187空降团、南朝鲜第2师、第9师、加拿大步兵旅、菲律宾营、哥伦比亚营、阿比西尼亚营等部队共7万余人，大炮3000多门，坦克170多辆，飞机3000多架次，向志愿军两个连约3.7平方公里的阵地上，倾泻炮弹190余万发，炸弹5000余枚。我方阵地山头被削低两米，高地的土石被炸松一两米，许多坑道被打短了五六米。

10万余人持续鏖战43天，共有4万多名士兵倒在这片3.7平方公里的土地上，可谓一场不折不扣的绞肉机之战。上甘岭成了"联合国军"的"伤心岭"，"联合国军"总司令及远东美军总司令美克拉克，将此战视为"朝鲜战场的凡尔登"。时任志愿军15军军长的秦基伟将军，多年后回忆上甘岭时还感叹，这是"一生中最残酷的战役"。

▼志愿军前线指挥所

第十一章

装甲兵器

  第一次世界大战前后,机械化兵器登上战争舞台,军事装备使用范围从陆地扩展到空中、地面、海上、水下等立体空间,极大地改变了军事斗争的面貌。

  蒸汽机和内燃机的发明使用,是机械化兵器产生的技术背景。19世纪末,资本主义大工业生产方式确立,西方列强为争夺殖民地和势力范围,对新式武器的需求非常强烈,促进了机械化兵器的发展创新。

机械化兵器发展

机械化兵器主要指铁甲舰艇、潜艇、飞机、坦克、装甲车辆等武器系统。这些兵器以机械化器械为运载发射平台,通过化学能与物理能的转化,将火力和机动力合为一体。机械化兵器的发展历程,与技术进步联系紧密。

装甲舰和潜艇首先登场

19世纪,蒸汽动力战舰迅速发展,并出现了装甲舰。20世纪初,新型船用蒸汽轮机为军舰提供了强大的动力,威力更大的舰炮促进了战列舰和巡洋舰的诞生,"巨舰大炮主义"在大国海军中盛行。

19世纪90年代,汽油机和蓄电池电动机双推进动力系统出现,潜艇迅速装备军队,使近代军事技术向前跨出一大步。

军用飞机翱翔蓝天

1903年12月17日,美国莱特兄弟首次驾驶自己设计、制造的动力飞机飞行成功。1909年,美国陆军装备了第一架军用飞机,机上装有1台30马力的发动机,最大速度68公里/小时。

飞机最初用于军事主要是执行侦察任务,偶尔也用于轰炸地面目标和攻击空中敌机。第一次世界大战期间,出现了专门为执行某种任务而研制的军用飞机,例如,主要用于空战的歼击机,专门用于突击地面目标的轰炸机和用于直接支援地面部队作战的强击机。

第二次世界大战期间,交战双方大量使用飞机,飞机的战术技术性能不断提高,后期还出现了喷气式飞机。

坦克横扫战壕

第一次世界大战期间,机枪、火炮和堑壕构成了陆上阵地攻防作战的中坚力量。为打破阵地战的胶着状态,英、法等国开始研制将火力、防护力和机动力合为一体的新式

▼美军M3型半履带车

▲英军"赛犬"MKA 中型坦克

武器。

  1916 年 9 月 15 日，英国在索姆河战役中首次使用坦克。坦克的问世标志着军事装备发展进入攻防结合的新起点，开创了陆军机械化的新时代。在第二次世界大战中，坦克装甲车辆发展为地面作战的主要突击兵器。

航空母舰研制成功

  以给飞机同时提供起降作业跑道为标志，世界上第一艘航母诞生于 1918 年 4 月，它是英国人利用暴怒号巡洋舰改建而成。舰体前后分别铺设 70 米和 87 米甲板，用于起飞和降落。同年 7 月 19 日，7 架飞机从暴怒号航母上起飞，攻击德国的飞艇基地，这是历史上航母首次应用于战争。

  半年后，英军第一艘安装全通飞行甲板的航空母舰是由一艘客轮改建的英国的百眼巨人

▼英国"无敌"号航母

▲ 美军部队

号航空母舰，飞行甲板长168米。甲板下是机库，有多部升降机可将飞机升至甲板上。

第二次世界大战中，美、英、日等国竞相发展航母，将空中力量与海上力量紧密结合起来，改变了传统的海战方式，使海上作战范围和规模不断扩大。

防空武器逐步发展

随着军用飞机的发展，防空武器也逐渐发展。在第一次世界大战中，各主要参战国装备了高射机枪和高射炮。到第二次世界大战时，由于采用较先进的观测仪器和指挥器材，特别是出现由指挥仪、高射炮和雷达组成的高炮系统，并采用无线电近炸引信等以后，防空作战能力有了显著提高。

生化武器问世

1915年4月22日，德军在比利时伊普尔战役中首次大量使用毒气，一举突破英法联军阵地。从此，一些国家竞相研制，开始了化学武器与防化器材的角逐。生物武器的使用也始于第一次世界大战，但大量研制是在20世纪30年代确立了免疫学和微生物学之后。在抗日战争和朝鲜战争中，日、美军曾多次使用生化武器。

通信技术的革命

19世纪末，美国、俄国、意大利相继发明了有线电报、电话和无线电报，实现了信息的远距离快速传递，从根本上改变了军队指挥方式，为迅速有效地组织指挥大规模作战创造了条件。20世纪30年代，英国发明雷达后，无线电技术进一步应用于侦察、警戒、跟踪、火力控制和导航，极大提高了军队的作战效能。经过多年的发展，如今已经形成了一个新的作战领域——电子战。

军事工程装备同步发展

20世纪60年代以后，数量大增的机械化兵器对工程保障提出了更高要求。出现了工程侦察器材、渡河桥梁器材、路面器材、地雷战反地雷战器材、爆破器材、筑城器材、伪装器材、野战给水器材、工程机械等，逐步形成了完整的体系。

机械化兵器时代一直持续到以电子计算机为标志的信息化时代来临，而机械化兵器，则一直使用到现今。

▲中国92式步兵战车

▶英国"武士"步兵战车

装甲车辆盘点

装甲车辆指装有武器和防护装甲的军用车辆,包括坦克、步兵战车、装甲运兵车等,是机械化、摩托化、数字化部队不可缺少的主要装备。装甲车辆和火炮一起,构成现代化陆军的基本单元。其装备的数量和质量,是评判陆军徒步化、骡马化、摩托化、机械化、数字化的重要标志。

▲英国"挑战者"型主战坦克

坦克:经久不衰的陆战之王

坦克指具有强大的直射火力、高度的越野机动性能和坚固的防护力的用履带作为运动操纵载体的军用车辆,1916年英国生产出世界上第一辆坦克,同年9月15日在第一次世界大战的索河姆战役中,英军派出了一支由32辆坦克组成的世界上第一支装甲部队伴随步兵冲锋并取得了非常大的战果。从此,坦克就成了各国竞相发展的陆军主要作战武器,专门的装甲部队、坦克部队由此产生,并且在第二次世界大战中德军的"闪击战"、苏军的"大纵深作战"、美军的"突击"均是利用坦克等装甲车辆无与伦比的机动力、火力和防护力来实施的。坦克也就成了火力、机动力、防护力三者结合的代名词。目前坦克分为主战坦克和特种坦克两种。主战坦克指在战场上担负主要作战任务的战斗坦克,是装甲兵的基本装备,是地面作战的主要突击兵器,火炮口径一般是105~125毫米,重量在35~55吨之间,有的甚至超过60吨。以美军的M1A1艾布拉姆斯系列坦克、英军的挑战者系列、以色列的梅卡瓦系列、俄罗斯的T-80系列、中国的98式系列、法国的勒克莱尔系列、德国的豹式系列,为新一代坦克的代表。第二是特种坦克,包括水陆两用坦克、架桥坦克、扫雷坦克、喷火坦克、侦察坦克。在第二次世界大战中使用比较多的有美军可空运的M551"谢里登"轻型水陆两用坦克、苏军的T-40轻型水陆

▼美国M1A2SEP坦克

▼中国96坦克

▲波兰 rosomak 步兵战车

▲美军悍马 M114 步兵战车

两用坦克。目前世界上最先进的水陆两用坦克应该是我国的 63A 式水陆两用坦克。

各国比较著名的坦克有德国"豹"ⅡA6 坦克、美国 M1A2SEP 坦克、中国 99 坦克、以色列"梅卡瓦"Ⅳ坦克、法国"勒克莱尔"坦克、英国"挑战者"型主战坦克、俄罗斯 T90S 坦克、日本 90 坦克。

步兵战车：摩托化军队的必备

步兵战车指摩托化步兵用于行进和战斗的装甲车辆，步兵在步兵战车中不光可以用车载轻型火炮和机枪打击敌人，还可以通过步兵战车中特设的射击孔向车外敌人射击，以达到消灭敌人，保存自身的目的。

步兵战车按结构分一般有轮式的和履带式的两种，其中轮式步兵战车是 20 世纪 80 年代以后为适应高机动部队而研制出来的新类型。步兵战车与装甲运兵车的最大区别在于，步兵战车一般装备小口径的火炮，可以伴随坦克一起作战，而装甲运兵车只装备用于自卫的机枪，不能同坦克一起作战，而且比步兵战车更容易被敌人的火力摧毁。

俄罗斯空降兵装备了一种可以载人直接空降的步兵战车，这种装甲车辆的成功应用，使俄罗斯空降兵成为全球第一支拥有成建制重型火力的空降兵。目前世界上最先进的步兵战车有美军的 M－2/3"布莱德利"式步兵战车，俄罗斯的 BMP 系列步兵战车。

在各国步兵战车中，综合性能比较突出的有悍马 M1114 军车、LVT4 两栖战车、M3 半履带车、英国通用运输车、苏制 BMP-1 步兵装甲车、德国汉诺马克 251 半履带车、美国 M1126 史崔克步兵承载车、英国 MCV80 战士型战车、美国 M2 布莱德雷战车、美国 M113 装甲运兵车。

◀lav-25 步兵战车

特种坦克

特种坦克指装有特殊装备,承担专门任务的坦克。特种坦克包含两栖坦克、扫雷坦克、架桥装甲车,以及第二次世界大战期间曾出现过的喷火坦克。目前较常见到的是扫雷坦克及架桥装甲车,扫雷坦克就是装有扫雷装置的坦克,而扫雷装置一般有滚压式、挖掘式、火箭爆破式三种。

水陆坦克:两栖作战明星

装有水上行驶装置,能自身浮渡,可在水上和陆上使用的坦克。水陆坦克的浮力主要由密闭车体的外廓排水体积来保证。通常采用的水上行驶装置有螺旋桨、喷水推进器,也可利用履带划水推进。主要用于强渡江河和登陆作战。

中国T-63A型水陆两用坦克,是目前世界上火力强悍的水陆坦克之一。这种坦克防护能力也不错,炮塔正面装甲在1000米距离可防25毫米穿甲弹,车体正面装甲100米距离可防12.7毫米穿甲弹,后面和侧面装甲100米距离可防7.62毫米穿甲弹。

▼美国AAV7两栖步兵战车

▼机械化桥和坦克架桥车

喷火坦克:全职或者兼职

坦克喷火装置由喷火器、燃烧剂贮存器、高压气瓶或火药装药、控制器等组成,用于在近距离内喷射火焰,杀伤有生力量和破坏军事技术装备等。有的喷火器塔与坦克炮塔可以替换,以适应不同的战争环境。

1935年意大利军队在埃塞俄比亚首次使用喷火坦克。第二次世界大战期间,喷火坦克得到广泛使用,主要有德国PzKpfw Ⅲ、英国"鳄鱼"喷火坦克等。这些喷火坦克携带喷射燃料200~1800升,可喷射20~60次,喷火距离60~150米。战后,美国以M4A4、M5A1、M48A2等坦克改装成多种型号的喷火坦克,有的曾在朝鲜战争和越南战争中使用。20世纪70年代以后,喷火坦克的喷射距离已超过200米。

架桥坦克:开设架桥首选

架桥坦克也称坦克架桥车,它以制式坦克车体底盘为基础,去掉炮塔,代之以制式车辙桥以及架设和撤收机构,用于在

▲俄罗斯空降坦克

敌火力威胁下快速架设桥梁，保障己方坦克及装甲车队安全通过反坦克壕沟、天然沟渠及河流等障碍。

架桥坦克最早由英国人在1918年设计，第一次世界大战后，苏、法、意等国相继制成了试验样车，在第二次世界大战中，苏、德、英等国先后装备了用坦克底盘改装的坦克架桥车，当时的车辙桥主要有前置式、翻转式和跳板式三种类型。第二次世界大战后，英苏等国出现了以剪刀式和平推式为主的新型坦克架桥车。先进的架桥坦克能在2～5分钟内架设一座长25米、承重60吨的军用突击桥，撤收在5～10分钟内完成。

空降坦克：思路出奇风险巨大

苏联在20世纪30年代开始试验空降轻型装甲车，并设计一种具有飞机外形、能在空中滑翔的古怪兵器——KT-40型飞行坦克。这种坦克以炮管的上下左右摆动控制方向舵和副翼，像滑翔机一样由牵引机牵引，到目标上空后松开牵引索，滑翔着陆。着陆后拆除机翼和机尾，迅速投入地面战斗。苏军成功地试飞了同比例的木质模型，但铁钢的实物却无法飞离地面。KT-40从此"寿终正寝"。1942年，日本沿用苏联KT-40的思路，设计出一种名为"特三号战车"的飞行坦克，同样以失败告终。

美军M-22"蝉"式坦克是世界上第一种专门设计的空降坦克，于1943年4月投入生产。其火力、机动性和防护方面均非常适合空降作战的需要，对后来世界各国开发空降坦克具有重要的参考价值。但由于美国无法在二战期间研制出合适的重型运输机或滑翔机，只能为英军所用。1945年3月24日，在代号"大学行动"的莱茵河空降战役中，英军第6空降师成功地使用"哈米尔卡"重型滑翔机装载12辆改进后的M-22实施空降。和英军"领主"空降坦克一起，为英军提供了有力的支援。有一辆M-22坦克在着陆后，从伊塞尔河大桥到一路杀到哈明克尔恩镇，先后摧毁了10余个德军火力点，歼灭了100多名德军士兵，为英军第6空降师胜利完成任务立下了汗马功劳。

二战之后，德国"鼬鼠"空降战车、苏联BMP系列伞兵战车以及美国的M-551"谢里登"空降坦克相继研制出来。近来美国还恢复了M-8装甲火炮系统的研制，它能够利用C-130型"大力神"运输机进行低空、低速空投。主要武器是一门105毫米坦克炮，足以对付敌方坦克和装甲目标，从而使新世纪里的"陆战之王"真正地成为了"添翼之虎"。

▶德国"鼩鼠"空降战车

二战中的经典坦克战

在第二次世界大战中,坦克进行了大规模的角逐。当时苏联投入T34-76和T34-85中型坦克,IS-1/2/3和kv系列重型坦克。德国使用具有领先水平的"豹"和"虎"式坦克。另外,美国M4"谢尔曼"、英国的"丘吉尔"步兵坦克和"克伦威尔"巡洋坦克,日本的97式,也都被运用到战场上。有趣的是,当时投入的坦克,有不少以动物作别称,比如黑豹、虎、灰熊、犀牛、鳄鱼、公羊、水牛、毒蟹、萤火虫等等,可谓是"动物王国"的盛大聚会。

坦克制胜:机械化战争论的核心

机械化战争论主张陆军实行机械化和依靠机械化军队取胜,也被称为坦克制胜论。

在第一次世界大战中,英军首次使用坦克,显示出强大的突击力。时任英国坦克军参谋长的富勒,提出了建立和使用机械化军队的观点,后通过一系列著作,创立了机械化战争理论。

富勒认为,随着骑兵退出战场,步兵降为辅助兵种,作为新生兵种的炮兵,机动能力需要提高。坦克具备骑兵和炮兵的双重优势,使战争成为一种纯粹的机械化活动,投入坦克多的一方将取胜。他提出的机械化战争样式:坦克突向敌方纵深,摧毁首脑机关;飞机轰炸交通枢纽和补给系统;摩托化步兵和炮兵扩大战果,追歼逃敌。主张先发制人,通过一次会战即夺取胜利。富勒的理论,指出了军队建设和作战方法发展的某些趋向,但与此同时,他过分夸大了坦克的作用。随着武器装备不断发展,坦克的优势逐渐下降,片面依靠坦克取胜是难以实现的。

富勒的理论在当时产生了巨大影响,在他之后,德国、法国、奥地利等国家,分别从不同角度丰富、发展了机械化战争理论。希特勒非常认同这种理论,并应用于第二次世界大战初期,在闪击波兰、法国以及进攻苏联的作战行动中,都大量使用了坦克等装甲武器。

长矛战坦克:似是而非的传奇

一支突围的波兰骑兵,由于不了解坦克的性能,用手中的长矛向德军坦克展开进攻。

▼英国"丘吉尔"步兵坦克

▼英国"丘吉尔"步兵坦克的内部构造

▲苏军 T-34 中型坦克

招致德军的机枪扫射和履带碾压，实力悬殊的屠杀幻灭了波兰骑士的英雄梦想，堂吉诃德的笑话被真实再现……在二战战场众多轶闻趣事中，波兰骑兵用长矛大战德军坦克的故事，最为人津津乐道。

事实上，这只是一种传奇式的演绎，历史真相是 1939 年 9 月 19 日，波兰第 18 骑兵团在掩护"但泽走廊"波军总退却过程中，向德国第 19 装甲军的第 2 和第 20 摩托化师结合部发起攻击，其中两个执行迂回任务的波军骑兵中队正好碰上一个就地休息的德军步兵营，波兰人出其不意发起冲锋，将猝不及防的德国步兵击溃。在追逐过程中，驻扎在周围的德军装甲部队闻讯赶来支援，在平原展开追逐，包括团长和团参谋长在内的 100 多名波兰骑兵阵亡，余部很快撤退。

第二天，赶来采访的意大利战地记者乔治·帕拉达，发表了一个通讯，称波兰精锐骑兵不了解坦克性能，以为坦克装甲是用锡板做成的伪装物，端着长矛一次又一次地冲击德军坦克，遭到了毁灭性的打击。这个报道造成了轰动的效应，波兰骑兵用长矛向德国坦克冲锋的神话就此产生。

当事两国对此神话都三缄其口，因为双方各有所图，波兰人借以赞美自己抗击侵略者的大无畏英雄主义精神，德国人用来渲染第三帝国铁流和闪击战的威力。所以，谁都不愿澄清真相，致使这个虚假传奇流传了若干年。

▲德军"虎"式坦克

坦克群殴：以库尔斯克为场地

1942年7月，斯大林格勒战役开始，苏德双方经过7个月的较量，以德军惨败告终。德军统帅部决定发动大规模夏季攻势，以挽回败局，振作士气。德军决定从库尔斯克下手，不仅因为虎踞在此的苏军严重威胁德军防线，而且德军想突破此地进而占领顿河、伏尔加河流域，并为攻占莫斯科打开通道。

斯大林格勒战役结束后不久，德军统帅部便开始大规模准备，同年7月，德军在库尔斯克地区南北两侧，以中央和南方两个集团军群为主，集结了17个坦克师、3个摩托化师和18个步兵师，总兵力达90余万人，打算在库尔斯克以东会合，完成合围。此役德军投入2700辆坦克、2050架作战飞机、约1万门火炮和迫击炮。其中，虎式、豹式坦克和斐迪南式强击火炮，都是当时最先进的武器。虎式坦克装有88毫米大口径火炮，前装甲厚达100毫米，攻击力和防御力优于苏军的T-34坦克。苏军投入的总兵力为133.6万人，配备3600辆坦克和强击火炮，2万门大炮和3130架飞机，总指挥由朱可夫元帅担任。

在这期间，一个名叫凯恩克奥斯的英国人，截获了德军将于夏季展开攻势的通信。此人于1942年3月开始在英国布莱切利公园的密码破译中心工作，1937年读大学时被苏联间谍机关招募。出于保密的原因，英国政府当时不太愿意与苏联分享太多的情报。凯恩克奥斯冒着叛国的指控向莫斯科提供这些情报，内容不仅包括德国战略意图、空军基地详细情况，还包括豹式坦克、虎式坦克改进型、追猎者坦克歼击车的性能、数量和战术。苏军

J.F.C. 富勒

英国军事理论家和军事史学家。参加过第一次世界大战。历任坦克部队参谋长、参谋学院主任教官、英军总参谋长助理、野战旅旅长，获少将军衔。他一生著述颇多，涉及的军事领域也十分广泛，先后研究过步兵战术、机械化战争理论、国际政治和国家防务以及军事历史等。不过他最重要的理论贡献还是在机械化战争论方面。著有《西方军事史》《装甲战》等30余种军事著作。

根据这些情报制订了相应的反制措施，决定采取伏击的办法对付这些新式装甲武器。

1943年7月，双方完成战略集结，200万大军对垒，一场血腥厮杀一触即发。这时，苏军从捕获的战俘口中得知，德军将在7月5日拂晓开始进攻。于是，苏军最高统帅部当机立断，决定先下手为强。5日凌晨2时，库尔斯克会战以苏军大规模炮击宣告开始。德军改突袭为强攻，以楔形坦克编队为先锋，以每平方公里100辆的密度实施冲击。坚守在第一道防线的苏军凭借坦克、反坦克炮，以及燃烧瓶痛击德军。

7月6日傍晚，南北两面德军均突破第一道防线。在随后几天的战斗中，尽管德军连续发动猛烈进攻，仍未能达到合围的目的。7月11日，德军决定于次日在南线对苏军发起新的攻势，库尔斯克会战进入了关键的第二阶段。

为了取得第二阶段战役的胜利，德军将SS、48装甲军等党卫队装甲军主力部队投入战斗。德SS装甲军由包括希特勒近卫师在内的3个装甲师组成，是德军装甲部队的精锐。7月12日，SS装甲军的650辆坦克，与赶来增援的苏军第5坦克近卫集团军850辆坦克，在15平方公里的战场上进行了一场坦克肉搏战。德军虎式重型坦克在前，马克－5型坦克在后，以每平方公里150辆坦克的密度向苏军展开冲锋。虎式坦克虽然攻击力极强，但速度每小时不过20公里，加之战线狭长，众多坦克拥挤在一起，难以发挥优势。苏军T－34坦克以快制慢，开足马力冲入敌阵，发挥机动性强的优势，以近战消灭虎式坦克。这一大胆攻势令德军始料不及，顿时阵脚大乱，约400辆坦克被击毁，其中包括70～100辆虎式坦克。这次战斗彻底摧毁了德SS装甲军的战斗力，使南线进攻计划以失败告终。

以上是苏联人对这场战斗的描述，不排除夸大己方战果的因素。根据美国华盛顿特区国家档案馆的一份秘密文件，一些专家认为真实战况可能是这样的：7月12日早晨5点钟左右，数百辆苏T－34和T－70坦克，分成40～50组向德军阵地冲来。T－34坦克就径直杀向敌阵，但其火炮射程小于德军虎式坦克，大量苏军坦克在接近敌军之前就被击毁。战斗结束后，战场上苏军坦克的残骸数以百计，苏181坦克团在战斗中全体阵亡。

不管哪种表述更接近历史真实，此战都被作为人类历史上最大的坦克战而永载史册。

▼德军"豹"式坦克

第十二章

海战兵器

　　海洋是人类的资源宝库、交通要道、国家屏障，所以人类对海洋的争夺战争从未停息。

　　制海权决定一个国家的国运兴衰，一场关键性海战往往决定一个民族的前途命运、生死存亡，胜利者称霸世界，失败者一蹶不振。

从战列舰到巡洋舰

舰艇通常是装备武器,主要在海洋进行战斗活动或勤务保障的海军船只,广义上也包括其他军用船艇,俗称军舰,是海军的主要装备。

舰艇主要用于海上机动作战,进行战略核突袭,保护己方或破坏敌方的海上交通线,进行封锁或反封锁,参加登陆或抗登陆作战,以及担负海上补给、运输、修理、救生、医疗、侦察、调查、测量、工程和试验等勤务保障工作。

根据作战使命的不同,通常分为战斗舰艇、登陆作战舰艇和勤务舰船三类,也有分为战斗舰艇、登陆作战舰艇、水雷战舰艇和勤务舰船四类,或战斗舰艇和勤务舰船两类的。每一类中按其基本任务的不同,区分为不同的舰种。在同一舰种中,按其排水量、武器装备和战术技术性能的不同,又区分为不同的舰级和舰型;有的只区分为不同的舰型。舰艇被视为国家领土的一部分,只遵守本国的法律和公认的国际法。

拿破仑号:首艘动力战列舰

19世纪中叶之后,随着科学技术和造船工业的发展,风帆动力战列舰逐渐让位给蒸汽动力战列舰,战列舰进入以蒸汽机为动力的钢铁军舰时代。1849年,法国建造的世界第一艘以蒸汽机为动力装置的战列舰——"拿破仑"号,成为海军蒸汽动力战列舰的先驱。它虽装有蒸汽机为主动力,但仍挂有作为辅助动力的风帆。

▼美国"塔拉瓦"级两栖攻克舰　　　　　　　　▼朱姆沃尔特级导弹驱逐舰效果图

战列舰

战列舰,又称为战斗舰、主力舰、战舰,是一种以大口径火炮的攻击力与厚重装甲的防护力为主要诉求的高吨位海军作战舰艇。这种军舰自1860年开始发展,直至第二次世界大战中末期逐渐停止使用,在此期间它一直是各主要海权国家的主力舰种之一,因此曾经一度被称为主力舰,但由于近代以来战列舰的战略地位被航空母舰和弹道导弹潜艇所取代,它再也不是舰队中的主力,所以这样的称呼方式也相对失去了意义。战列舰是人类有史以来创造出的庞大、复杂的武器系统之一,从20世纪初到第二次世界大战,战列舰是唯一具备远程打击手段的战略武器平台,因此受到各海军强国的重视。但是,最后一艘战列舰已经在1998年退役。

▲基洛夫级重型巡洋舰第三艘"纳希莫夫海军上将"号

该舰排水量1870吨,装备舰炮92门,风帆面积2850平方米,功率960马力。以蒸汽机和辅助风帆同时驱动,航速近14节,进入快速舰的行列。拿破仑号不仅是世界上第一艘蒸汽战列舰,而且开创了用螺旋桨推进军舰的先例。

朱姆沃尔特级:最先进的巡洋舰

该级别舰是当今美国海军众多战舰中最有前途的舰艇,定员74人。其排水量与武器载荷未作最后决定,但海军目标是256枚导弹,由垂直发射系统发射;还计划装两座新型155毫米先进火炮系统,它能发射增程导向弹药,弹重110磅,能带72个M80子母弹,使射程达100海里,并具有GPS精度。DD—21舰的弹舱容量目标为每门炮配750枚ERGM弹。采用穿波内倾型舰壳,减小雷达反射截面。海军也正在审查低信号上层建筑的可行性,以利保持隐身特性。

乌沙柯夫级:最大的巡洋舰

1999年,俄海军将对3艘前"基洛夫"级(现"乌沙柯夫"级)核动力导弹巡洋舰进行现代化改造,目前已有2艘被拖至造船厂。这3艘核动力导弹巡洋舰是"乌沙柯夫海军上将"号、"拉扎列夫海军上将"号和"纳希莫夫海军上将"号。

最早的"基洛夫"号核动力导弹巡洋舰是前苏联核动力水面战舰的首舰,是一种具有强大攻击能力的核动力战舰,可以单枪匹马地进行远洋作战。二战以后,苏联海军渴望建造核动力水面攻击舰,这充分反映了苏联海军想打破美国海军垄断海洋的局面。

"基洛夫"号的设计工作始于1968年,当时得到苏联军政要员,特别是苏联蓝水海军创始人戈洛弗柯海军上将的全力支持。"基洛夫"号核动力导弹巡洋舰最初设计吨位为8000吨,后来吨位扩大到2万吨。

▼战列舰

"基洛夫"号以其巨大的身躯,成为世界上最大的巡洋舰,拥有超远程防空、反舰导弹,并且是核动力驱动,但它并非无懈可击,其电子设备与美国相比,仍有较大差距。有人甚至认为,这种巨舰是违背时代趋势的"恐龙"。

经历三次革命和四场战争的巡洋舰

阿芙乐尔号巡洋舰原为俄国波罗的海舰队的一艘巡洋舰,这艘传奇的巡洋舰经历了三次革命和四场战争,因参加俄国十月社会主义革命而闻名于世。

阿芙乐尔意为黎明或曙光,在古罗马神话中意指司晨的女神。阿芙乐尔号巡洋舰于1900年在圣彼得堡开始建造,两年后加入俄国海军舰队战斗序列。该舰长124米,宽17米,排水量6730吨,航速20节,装备152毫米炮8门,75毫米炮24门,37毫米炮8门,鱼雷发射管2具,舰员578名。

战火中命运多舛

阿芙乐尔号虽是俄国海军三大著名战舰之一,但它远不如"瓦兰吉亚"号和"波将金"号那样战功卓著。该舰曾参加日俄战争,随俄国第二太平洋舰队前往远东增援,1905年5月在对马海战中,受到日舰炮火轰击,伤亡惨重。阿芙乐尔号脱离俄国舰队,掉头穿过对马海峡,到达菲律宾时被扣留,战后才被归还给俄国。归国途中,受革命感染的水兵偷偷购置武器,准备回国后进行武装斗争。沙皇政府发觉阿芙乐尔号水兵不可靠,便将其改为教练舰。

▼"阿芙乐尔"巡洋舰

第一次世界大战中，阿芙乐尔号在芬兰湾执行巡逻任务。1916年底，因作战受伤，被拖回彼得堡的俄法工厂大修。布尔什维克在彼得堡一带宣传鼓动比较强劲，他们想争取这艘俄国海军中的著名巡洋舰加入革命队伍，既能支持即将到来的武装行动，也有利影响策动其他军舰。1917年二月革命时，舰上水兵发动起义，参加推翻沙皇的斗争。5月12日，列宁到阿芙乐尔号上发表演说，水兵们受到教育，纷纷加入布尔什维克。7月4日，"阿芙乐尔"号宣布，只服从波罗的海舰队布尔什维克委员会的领导。

打响十月革命第一炮

在预订举事的前一天，革命党人任命该舰一个名叫别雷舍夫的机械师为"阿芙乐尔"号负责人，要求他想方设法将军舰开到尼古拉大桥，打击桥上临时政府派出的士官生，保证赤卫队顺利通过。

▲ "阿芙乐尔"号巡洋舰打响了十月革命的第一炮

1917年11月6日(俄历10月24日)，"阿芙乐尔"号执行革命军事委员会命令，将军舰开到涅瓦河口的尼古拉耶夫桥下，未遇到敌人阻击。当时，军事革命委员会集中起来的部队在冬宫门外，与在宫中开会的临时政府的部长们对峙。晚上6时30分，军事革命委员会派出"阿穆尔"号布雷舰水兵多罗戈夫向冬宫送去最后通牒，敦促对方在20分钟之内投降，解除冬宫守卫者的武器，否则就要进击冬宫。临时政府并没有接受这个最后通牒，继续组织人员守卫。

布尔什维克人用舰上电台广播了列宁签署的《告俄国公民书》。当晚9时45分，"阿芙乐尔"号巡洋舰率先向当时的临时政府所在地冬宫开炮，发出进攻信号，揭开了"十月革命"的序幕。"阿芙乐尔"号巡洋舰的炮声成为十月革命的象征。1923年起，"阿芙乐尔"号被编为训练舰。

1941年6月22日，德国入侵苏联。在苏联卫国战争中，"阿芙乐尔"号拆下9门火炮，组成"波罗的海舰队独立特种炮兵连"，部署在列宁格勒（今圣彼得堡）城郊抵抗德军的进攻。面对德军的轰炸，舰上水兵们顽强反击，用留下的一门主炮积极作战。后因情况危急，军舰自沉于港湾中。1944年，该舰被打捞出来并进行了修复，由政府移交给钠希莫夫海军学校。1948年，根据列宁格勒市苏维埃执委会的决定，它被作为军舰博物馆，永久地固定在涅瓦河上。该博物馆除了军舰本身外，还有500余件与该舰光荣历史有关的文件和物品。

恐怖的潜艇

潜艇是一种能潜入水下活动和作战的舰艇,也称潜水艇,是海军的主要舰种之一。潜艇在战斗中的主要作用:对陆上战略目标实施核袭击,摧毁敌方军事、政治、经济中心;消灭运输舰船、破坏敌方海上交通线;攻击大中型水面舰艇和潜艇;执行布雷、侦察、救援和遣送特种人员登陆等。

潜艇类型多样,按作战使命分,有攻击潜艇与战略导弹潜艇;按动力分,有常规动力潜艇(柴油机-蓄电池动力)与核潜艇(核动力);按排水量分,有大型潜艇(2000吨以上)、中型潜艇(600~2000吨)、小型潜艇(100~600吨)和袖珍潜艇(100吨以下),核动力潜艇一般在3000吨以上;按艇体结构分为双壳潜艇、个半壳潜艇和单壳潜艇。

在人类的战争史上,总有一些外形、性能、任务、命运特殊的潜艇,闪现在海战场的惊涛骇浪里,潜浮在人们的记忆深处。

U型潜艇:恐怖的水下杀手

1906年,德国的日耳曼尼亚造船厂为德国海军建造的第一艘潜艇"U1"号,成为大西洋上最令人恐惧的水下杀手。1906年初,德国人建造了以柴油机为动力的"U"型潜艇。

1914年9月5日,德国"U21"号潜艇用一枚鱼雷击沉英国军舰"开路者"号,250名官兵葬身海底。1914年9月22日,德国"U9"号潜艇在比利时海外用不到90分钟的时间就击沉3艘12000吨级的英国装甲巡洋舰,舰上1500人死亡。到1915年末,德国潜艇击沉600余艘协约国商船;到1916年和1917年,被击沉的商船总数已分别达1100艘和2600艘。仅1艘"U35"号德国潜艇就独自击沉了226艘舰船,总计达50多

▲二战中德国"U"型潜艇

万吨。在第一次世界大战中,德国潜艇击沉的商船总数达5906艘,总吨位超过1320万吨。据统计,整个第一次世界大战中用潜艇击沉的各种战斗舰艇共达192艘,其中有战列舰12艘、巡洋舰23艘、驱逐舰39艘、潜艇30艘。战争中各参战国共建造了640余艘潜艇,德国建造的潜艇就有300多艘,其中"U"型潜艇以其水下机动性和作战能力在海上出尽了风头。

在二战中,德国依仗性能先进的"U"型潜艇,在大西洋海域有效地攻击了盟军的商船队和护航船队。指挥德国潜艇的海军上将卡尔·邓尼兹采用"狼群"战术,将6~12艘潜艇组成水下舰队,白天尾随护航队,黄昏时进入攻击阵位,夜晚钻入护航队中用直航鱼雷实施近程攻击。1940年10月,一个由12艘潜艇组成的"狼群"就击沉了

32艘舰船，而自己安然无恙。到1941年，德国用潜艇击沉盟军舰船的总数已达1150艘；到1942年上升到1600艘。1943年以后，盟军在舰艇、飞机上加装了反潜雷达，使舰船沉没数量降低了65%，到1944年只有200艘舰船被击沉。

在整个第二次世界大战中，德国共建造潜艇1131艘，加上战前造的57艘，共1188艘。这些潜艇击沉了3500艘舰船，造成45000人死亡。到战争结束时，德国有781艘潜艇被盟军击沉。

日本双人潜艇：为军国主义扬幡张魂

我们对二战时期日本的"神风"敢死队比较熟悉，这种由飞行员驾机俯冲撞击敌海面舰船的自杀攻击战术，成为军国主义穷兵黩武的极好见证。

其实，这种自杀式袭击不仅表现在空中，在水面和水下，日军也曾作过周密部署。1945年2月15日夜，日本使用12艘由一名士兵驾驶、装载250千克高爆炸药的"震洋"艇，在菲律宾科雷吉多要塞附近的海面上，将美军LSM-12巡洋舰击沉。后来美舰临时配备陆军小型直瞄火炮，可在一公里以上距离射击，有效避免自杀艇的靠近。

在二战时期，日本海军还制造了一些仅由两名军人操控的小型潜艇，专门用来偷袭盟军的舰艇。在1942年二战高峰期，日军为破坏美国和澳大利亚的航运，派出了3艘这种潜艇越过海底的防护网，深入悉尼港进行突击。击沉了一艘澳大利亚军舰，造成19名水手和两名英国人死亡。在袭击行动中，两艘日本潜艇受损，艇上的士兵把潜艇凿沉自杀。第三艘逃脱，但无人知其行踪，成为历史之谜。

60多年后，一些业余的潜水者在悉尼港距离岸边50公里的海底，发现了这艘日本潜艇的残骸。2007年5月22日，澳大利亚海军组织精英潜水人员抵达潜艇残骸遗址，对这艘外部布满贝类生物的潜艇残骸进行了探测，证实日本海军中尉阪胜久和下士足羽士的骸骨仍在潜艇里面。潜水员在潜艇外部发现了一部梯子，是供艇员用来逃生的。

澳大利亚政府随即宣布这艘潜艇沉没的地点为历史遗址，并布置了声纳报警器和水底照相机，防止好奇的潜水者接近，违者将会受到百万澳元罚款及5年监禁的处罚。由于费用高昂、技术难度大，澳大利亚当局没有打捞潜艇和死者遗骸。当局在潜艇残骸附近海底收集了一瓶沙粒，交给这两名日本军人的家属。

▼库尔斯克号潜艇残骸

库尔斯克号：俄罗斯的伤痛

俄罗斯"库尔斯克"号为多用途战役导弹核潜艇，是俄海军最新的战略核潜艇之一，也是当今世界最大的核潜艇之一。该艇造价10亿美元，1994年5月下水，次年1月在俄北方舰队第41巡航导弹核潜艇大队服役，舷号K141。

"库尔斯克"号有两座核反应堆，潜艇长150米，有6层楼高，体积达到了大型喷气式客机的两倍以上。续航能力为120天，最大下潜深度为300米，编制艇员107人，其中包括48名军官，最多可载员135人。

▲美军"俄亥俄"级战略核潜艇

"库尔斯克"号上载有俄最机密的新型武器军备，配备了24枚最新型的巡航反舰导弹，导弹可携带高爆弹头或者核弹头。每个弹头的威力相当于两枚投掷在日本广岛的原子弹。并拥有独特的双壳艇身和9个防水隔舱，即使被鱼雷直接击中也不会沉没。

2000年8月13日，"库尔斯克"号不幸沉没在150米深的巴伦支海海底，118人全部遇难。

普京总统为打捞计划拨出了1.3亿美元专款，2001年10月，沉没14个月的"库尔斯克"号从海底捞起，运送到科拉半岛的一个秘密军港。经专家分析，有缺损的焊接导致该艇前舱的训练鱼雷爆炸，爆炸压力波沿通风管冲进指挥中心，将管路炸得粉碎，火焰和浓烟引入到舱内，舱内人员还来不及按动警报装置，就被烟熏倒，没有人能够幸存。大火随后引发5～7枚鱼雷同时爆炸，导致"库尔斯克"号沉入海底。

2001年10月26日，俄罗斯从7号舱指挥员、海军中尉科列斯尼科夫身上，找到了一张详细描述事发经过的便条。便条显示，潜艇爆炸后，至少有23人仍然活着。便条写道："15时45分，这里面很黑，但我尝试摸着写。（逃生的）机会似乎没有了，因为只有10%～20%的希望。我们希望能有人看到我写的这张字条。这里有位于第9号隔舱人员的名单，他们将尝试着逃出去。向大家问好，请不要为此绝望。"

中国潜艇：海军的重量级选手

"G"级弹道导弹常规潜艇 1966年服役，只建造1艘，主要作训练用。

"夏"级弹道导弹核潜艇 弹道导弹核潜艇，

二战潜艇数量及战果

第二次世界大战爆发后，潜艇成为主要的水下战舰。战前，各参战国共有潜艇496艘，战争中建造了1669艘，潜艇总数达2100余艘。战争期间，潜艇击沉的作战舰艇达395艘。其中，战列舰3艘，航空母舰17艘，巡洋舰32艘，驱逐舰122艘。击沉运输舰船5000余艘，2000余万吨。

共1艘。在指挥台围壳后面嵌有导弹舱,装有12枚"巨浪-1"两级弹道导弹。可发射"巨浪-2"型弹道导弹,最大射程可达8000公里。

"汉"级攻击型核潜艇 中国第一代攻击型核潜艇,也是目前中国仅有的一级攻击型核潜艇。该型艇采用水滴型线型,十字形尾附体,单轴推进,首水平舵置于指挥台围壳前部。艇体采用双壳体结构。耐压船体内设有鱼雷舱、指挥舱、反应堆舱、辅机舱、主机舱及尾舱等。突出首端上甲板的是水声系统导流罩。

"R"级常规动力潜艇 前苏联613型的改进型,由中国仿制。有首鱼雷舱、前蓄电池舱、指挥舱、后蓄电池舱、柴油机舱、推进电机舱和尾鱼雷舱。在首鱼雷舱有6具533毫米发射管及6条备用鱼雷,首部水平舵及锚装置以及应急吹除系统。

"明"级潜艇 为中国自行研制的第一代常规动力鱼雷攻击潜艇。该艇第一次采用了尖尾线型,合理布置了上层建筑的管路和阀件,缩小了甲板的空间,改进了流水孔,设计了高效率螺旋桨等。采用了航向自动操舵仪和深度自动操舵仪,在所有航速范围内潜艇保证有正常的操纵性。第一代常规潜艇总体综合作战性能并不高,但对中国自行研制潜艇是一个重要的开端。经过以提高现代化改装,现已成为中国海军的一型主力潜艇。

"宋级"常规潜艇 中国自行研制的第二代常规潜艇,是中国第一个能在水下通过发射远距离的反舰导弹攻击敌舰的潜艇。

"基洛"级常规潜艇 俄制"基洛"级潜艇,现有4艘。动力装置转速偏高,围绕着降噪这个中心,全艇对主、辅机及其管路系统和结构等进行全面有效的减振降噪,艇壳敷设了消声瓦,使得潜艇水下的辐射噪声很低,这是该型艇最大的特点,也是最大的优点。改进型降低了动力装置的转速,采用七叶大侧斜螺旋桨,提高了充电能力,改进降噪措施,进一步降低了噪声,是世界上安静的潜艇之一。

▼中国海军"宋"级324号潜艇

▼中国海军"汉"级405号潜艇

潜艇的糗事

据统计,在第一次世界大战中,英、法潜艇共击沉18艘德国潜艇,约占德国潜艇损失数的10%;而德国潜艇共击沉英、法潜艇10艘。当然,这些潜艇都是在水面被击沉的。第二次世界大战中,声纳、水面搜索雷达和鱼雷数据计算机出现后,被潜艇击沉的潜艇数量上升,美国潜艇在太平洋战区击沉日军潜艇23艘,约占被击沉日军潜艇总数的19%。而声纳、

▲英国H49号潜艇,1940年10月18日被德军击沉

雷达设备较差的日军潜艇只击沉过1艘美军潜艇——"科维纳"号(SS—226)。英国潜艇在各海区击沉德、意、日潜艇共36艘。苏联潜艇击沉德国潜艇2艘。德国潜艇击沉盟军潜艇共9艘。据不完全统计,二战中被潜艇击沉的潜艇共80艘、约占被击沉潜艇总数的7%。

两次世界大战都是陆海空三维战场的较量,凭借武器装备和技战术的不断创新发展,潜艇在海战中大显身手,产生了许多经典战例。但与此同时,潜艇也发生了不少糗事,不仅导致了艇沉人亡的战争悲剧,而且其悲欢荣辱也一度成为后人茶余饭后的谈资。

英国K级潜艇:先天不足命运多舛

"K"级潜艇为英国在第一次世界大战期间设计并生产,主要用于辅导水面舰艇作战。

为保证在舰队编组内与水面舰艇同步,该艇采用10500马力的汽轮机作主动力装置,最高航速达25节,是当时世界上水面速度最快的潜艇。但由于艇体太长、密封性太差等先天不足,以致"K"级潜艇自从问世以来便祸事连连,总数不到20艘的"K"级潜艇,居然发生了18起事故,而且其中有7起是沉艇。

1918年1月31日,"K"级潜艇遭遇了潜艇史上最大的一次灾难。当时正值第一次世界大战的最后阶段,英国本土舰队的主力部队"大舰队"受命东进北海,与柯克沃尔舰队会合,进而袭击德国舰队。

为了防止德国潜艇的袭击,"大舰队"决定在夜间出航。由轻型巡洋舰打头,4艘"K"级潜艇和"伊兹尤里利"号巡洋舰居中,另有战列巡洋舰、轻型巡洋舰和5艘K级潜艇组成的混合分舰队断后,组成单纵队出海。3个编队之间的航行间距为5海里,航速21节,并实行了严格的灯火管制。

当先头纵队通过外围障碍栅时,位于舰队中部的"K-22"潜艇突然向右驶出单纵队,旋转航行。与尾随的"K-17"潜艇擦肩而过,一头撞在后续的"K-14"潜艇的右舷上,两艘潜艇舯舱被海水淹没,致使7人死亡。劫后余生的水兵不顾灯火管制命令,在破

损的潜艇上燃起航行灯,以避免再次发生相撞事件。用心固然不错,但这一举动显然太过业余——他们忘记用无线电或信号灯通报其他舰艇。战列巡洋舰分舰队的首舰"不屈"号发现前面有灯火,误以为途中出现了拖网渔船队,决定直接从"拖网渔船"的尾后通过。"K"级潜艇艇尾比拖网渔船足足长两倍,等"不屈"发现失误时已回天无力,"K-22"的尾部被截断。掉了尾巴的"K-22"潜艇仍没有沉没,与"K-14"艇一起随海流向舰队航线的右方漂去。

位于"伊兹尤里利"号巡洋潜艇区舰队司令发现2艘潜艇不见了,连忙命令剩下的3艘潜艇跟随己舰返回寻找。在黑暗中,"伊兹尤里利"号巡洋舰将第处于断后分舰队中的一艘战列巡洋舰错当作成整个舰队的尾舰,便率寻人的潜艇左转向加入舰队成为"尾部",速度和警觉性同步下降,浑然不知身后还有其他舰艇。

20点32分,"无畏"号轻型巡洋舰的舰首骑到"K-17"潜艇身上,将该艇耐压指挥室以前部分砍成两半,只有8名幸运的艇员被救起。"无畏"号舰舷也严重受损。后面的潜艇发觉不妙,急忙驶出单纵队队形:两艘潜艇右转,另有两艘左转。结果忙中出错,有两艘潜艇再次相撞。其中一艘受伤,另一艘连同55名艇员沉入海底。

在一个晚上,8艘"K"级潜艇中,两艘沉没,两艘受损,共有115名官兵死亡,另有2艘大型水面舰艇受损。

一战结束后,"K"级潜艇又先后发生突然沉没、撞击防波堤、与"H"级潜艇相撞等事故。"K"级潜艇的频繁失事,英国海军部深感不安,终于在20世纪20年代中期作出了迟到的决定,将余下"K"级潜艇全部从海军中除名。

轴心国潜艇:悲欢交织糗闻不断

日本"吕-34"号潜艇,堪称是二战中胆子最小的潜艇,居然被美军的马铃薯吓沉了。

1943年初,为配合美军在西南太平洋诸岛上的反击行动,美国海军在海上实施封锁,切断日军对新几内亚群岛的增援和补给。

4月初,美国"奥邦农"号驱逐舰在奉命对所罗门群岛附近海域进行战斗巡逻时,突然发现一艘日本潜艇从己方军舰旁边破水

▼美国海军SS-202"鳟鱼"号潜艇

而出。美军舰员惊讶之余,立即摇动火炮对准潜艇实施攻击。但由于潜艇距离军舰太近,已经进入火炮的射击死角内,火炮无法发挥作用。正在慌忙之际,美军水兵抓起军舰甲板上的马铃薯扔向潜艇。

潜艇上浮本身就很让人担心,又突遇美军水兵攻击,日本潜艇的惊慌可想而知。艇长根本没看清美军水兵投掷的究竟是什么武器,就急忙下令速潜。由于下潜速度过猛,潜艇一头栽到水底礁石上,遭受严重损伤,失去了机动能力。美军驱逐舰抓住这一战机,迅速在潜艇下潜的地方,投下数枚深水炸弹,将"吕-34"号击沉。

1941年8月,德国潜艇"U-570"号奉命到北大西洋海域,完成攻击英国护航运输队任务。27日11时,潜艇在冰岛南80海里处上浮时,被英国"赫德逊"式飞机发现,飞机直向潜艇飞来,艇长急令速潜。飞行员汤普逊空军少校对准潜艇下潜的旋涡,投下了4枚重250磅的深水炸弹。炸弹击中了潜艇,发生猛烈的爆炸。

潜艇虽然没有下沉,但艇壳多处破裂,艇室进入海水,电器设备震坏,连舱室灯光都熄灭了。更糟糕的是潜艇电力舱的电池电解液溢出,散发着浓烈的有毒气体。艇长拉姆洛海军少校多次组织艇员堵漏抢修,但都无济于事。艇上情况继续恶化,浓烈的氯气随时都有引起火灾和爆炸的可能。

▲上浮行进的德国"U"型潜艇

拉姆洛下令向基地发出求救信号,销毁密码和文件,然后浮出水面,全体艇员列队甲板,穿上救生衣,等待救援。可让拉姆洛万万没有想到的是,英国飞机这么长的时间竟然没有离开。汤普逊少校驾机在空中兜了几个大圈后又飞了回来。飞机见到浮起的潜艇,立即用机关炮进行扫射,打得艇员无处躲藏。拉姆洛眼看求救无望,不得不举起白色信号旗投降。

汤普逊少校则一面监视投降潜艇,一面向基地发报。基地派来几架飞机,轮班围着潜艇不断盘旋示威。同时,附近海域的英国渔船和驱逐舰也高速向潜艇驶来。最终,这艘倒霉的潜艇被一艘英国渔船拖到英军设在冰岛的海军基地。

英国首相丘吉尔得知"U-570"号潜艇被捕获的消息后,十分高兴,他指示将潜艇拖往英国。潜艇经过修理、改装后,编入英国潜艇部队,改名为"格拉夫"号潜艇。

另一艘德国"U"型潜艇同样与英军飞机较量,所不同的是,这艘潜艇成功击落了飞机,但最终葬身于自己的得意忘形。1943年7月24日,德国"U-459"潜艇与一架英军"威灵顿"式轰炸机在北大西洋上遭遇,双方用高射机枪和炸弹互相攻击。

飞机被潜艇的高射机枪击中要害,一头栽到潜艇前部,飞行员当即身亡,机头、机翼和机尾入水,部分机身落在了潜艇后部甲板上。

艇员在清除飞机残骸,发现2枚没有爆炸的深水炸弹,于是将这一情况报告给艇长默伦多夫。可这位艇长大概是被胜利冲晕了头脑,下令艇员将未拆除引信的深水炸弹直接从艇尾扔到海里。深水炸弹立即发生了爆炸,不仅炸毁了潜艇的尾舵,冲击波还将潜艇抛离水面,导致柴油机和电机舱严重受损。失去动力的潜艇只能漂浮在水面,等待救援。不久,英军一架"哈利法克斯"式飞机赶到,用深水炸弹和机枪猛烈攻击潜艇。潜艇艇壳破裂,舱室不断进水,艇长默伦多夫命令手下弃艇,自己则与"U-459"潜艇一同沉入了海底。

▲苏军"台风"级弹道导弹核潜艇

大国地位象征的航母

　　航空母舰简称"航母""空母",前苏联称之为"载机巡洋舰",是一种可以提供军用飞机起飞和降落的军舰。

　　航空母舰是一种以舰载机为主要作战武器的大型水面舰艇。现代航空母舰及舰载机已成为高技术密集的军事系统工程。航空母舰一般是一支航空母舰舰队中的核心舰船,有时还作为航母舰队的旗舰。舰队中的其他船只为它提供保护和供给。依靠航空母舰,一个国家可以在远离其国土的地方,不依靠当地的机场情况施加军事压力和作战。

分类:攻击、反潜、护航、多用途

　　航空母舰按其所担负的任务,分为攻击航空母舰、反潜航空母舰、护航航空母舰和多用途航空母舰;航空母舰按其舰载机性能,又分为固定翼飞机航空母舰和直升机航空母舰,前者可以搭乘和起降包括传统起降方式的固定翼飞机和直升机在内的各种飞机,而后者则只能起降直升机或是可以垂直起降的定翼飞机。某些国家的海军还有一种外观类似的舰船,称作"两栖攻击舰",也能搭乘和起降军用直升机或是可垂直起降的定翼机。按吨位分,有大型航空母舰(满载排水量6万~9万吨以上)、中型航空母舰(满载排水量3万~6万吨)和小型航空母舰(满载排水量3万吨以下);按动力分,有常规动力航空母舰和核动力航空母舰。

　　航空母舰一般是一支航空母舰舰队中的核心舰船,有时还作为航母舰队的旗舰。舰队中的其他船只为它提供保护和供给。依靠航空母舰,一个国家可以在远离其国土的地方,不依靠当地的机场情况施加军事压力和作战。

▼美国"小鹰"级航空母舰

装备：飞机、巡航导弹

一般来说，除少量自卫武器外，航空母舰的武器就是它所运载的各种军用飞机。航空母舰的战斗逻辑是用飞机直接把敌人消灭在距离航母数百公里之外的领域。没有一种舰载雷达的扫描范围能超过预警机，没有一种舰载反舰导弹的射程能超过飞机的航程，没有任何一种舰载反潜设备的反潜能力能超过反潜飞机或直升机。飞机就是最好的进攻和防御武器，整个航空母舰战斗群可以在航母的整体控制指挥下，对数百公里外的敌对目标实施搜索，追踪，锁定，攻击，可以说是拒敌于千里之外！所以无需再安装其他进攻性武

▲美国"尼米兹"级航空母舰

器。但是前苏联的航母同时装备有远程舰对舰导弹，从这一点来说，前苏联的航母是航母与巡洋舰的混合体。

航空母舰从来不单独行动，它总是在其他船只陪同下行动，合称为舰队，又称为航空母舰战斗群。这些陪同船只包括巡洋舰、驱逐舰、护卫舰等等，它们为航空母舰提供对空和对其他舰只以及潜艇的保护。此外舰队中还有潜艇做侦察和反潜任务。供给舰只和油轮扩大了整个舰队的活动范围。此外，这些舰艇本身也可以携带进攻武器，比如巡航导弹。

飞机在航母上起飞、降落比在地面起降技术要求更高，降落程序如下：飞机进入环绕母舰的环形航线，确保飞机对准航母跑道。如果滞空时间过长，有时要脱离等待中的降落航线，进行空中加油。

在降落时飞机的速度要尽可能小，有时几乎到失速地步。飞行员放下起落架、襟翼与空气减速板，将捕捉钩伸出，维持一定的速度和下滑速率。航舰上的指挥、保障人员，以语音、灯光、手势等各种方法提醒飞行员，调整飞机状态。

航母飞行甲板后部有3～4条采用液压制动的拦截索，它可以在两秒钟和50米内使飞机停下来。在着陆时飞机必须紧贴甲板，以保证能够钩住拦截索。同时将发动机保

▲英国"无敌"级航空母舰

持在相当转速,如果没有挂上拦截索,飞机可以加速离开甲板,重新回到降落航线。飞机降落后,飞机依照甲板上地勤人员的指示,滑行离开降落区。如果飞机的挂钩损坏,拦截索无法发挥作用,地勤人员要拉起拦截网,协助飞机迫降。

飞机从航母起飞的方式一般有三种。一种是蒸汽弹射起飞。蒸汽驱动的弹射装置带动飞机在两秒钟内达到起飞速度。蒸汽弹射又分为拖索式弹射和前轮式弹射两种。拖索式弹射由8~10人为飞机张挂钢质拖索,利用拖索牵引飞机加速起飞,这种弹射方式比较老旧,目前只有法国的"克莱蒙梭"级航母使用。前轮弹射由美国海军于1964年试验成功,弹射时由滑块直接拉动飞机前轮起飞。弹射时间减短,飞机安全性好。美国现役航母都采用这种方式。另一种是滑跳式起飞。在其甲板前端有一个坡状的高台,以加大离舰飞机与海面的高度,帮助飞机起飞。这种起飞方式不需要复杂的弹射装置,但是飞机起飞时的重量以及起飞的效率不如弹射。英国、意大利、印度和俄罗斯的一些航空母舰采用这种技术。第三种是垂直起降。主要适用于直升机起降,也可用于装有矢量喷管,可以垂直起降的战斗机。英国、美国、俄罗斯的一些航空母舰采用这种技术。另外,一些大国还在研制电磁弹射起飞技术,与传统的蒸汽式弹射器相比,电磁弹射具有效率高、辅助系统要求低、运维简单等优势。

数量:10个国家拥有,现役25艘

21世纪初,世界上共有多个国家拥有航空母舰,分别是美国、英国、法国、俄罗斯、阿根廷、意大利、西班牙、巴西、印度、日本等国。世界各国海军一共有数十艘在使用。

美国共拥有"小鹰"级、"尼米兹"级和"企业"级在内的11艘大型航母服役,其中10艘为核动力,1艘为常规动力。这些超级航母排水量在10万吨左右,能够装载80架各种作战飞机。按照美国的计划,随着"尼米兹"级核动力航母的最后一艘"布什"号的服役,以及常规动力的"小鹰"号航母的退役,到2009年美国海军航母编队将全部核动力化。其航母运营开支数目庞大。以尼米兹级航空母舰为例,该舰由2座核反应堆和4座蒸汽轮机推动,全长340米,载员6300人,造价50亿美元,每月开支需要至少1300万美元。

英国在用航母共有两艘,分别为"卓越"号和"皇家方舟"号,皆为2万吨级轻型航母。英国海军已经决定开工建造两艘5.5万吨级的大型航母,将分别于2014年和2016年服役,能够搭载约50架战机。法国海军装备"戴高乐"号3.6万吨级核动力航母,这是除美国外世界仅有一艘的核动力航母。法国还计划与英国联合建造第二艘航母。俄罗斯只有一艘常规动力航母"库兹涅佐夫"号,排水量约6.7万吨,目前归属于北方舰队。俄罗斯曾宣布未来将新建6个以中型航母为核心的航母战斗群。

意大利现有"加里波第号""加富尔伯爵号""凯沃尔号"3艘轻型航母。巴西现有"米纳斯吉拉斯号"和"圣保罗号"两艘航母。西班牙现有1艘满载排水量1.69万吨的"阿斯图里亚斯亲王号"轻型航母。泰国于1997年8月从西班牙购买了"加克里·纳吕贝特号"轻型航母,排水量为约1.15吨。韩国也建制了排水量1.9万吨的"独岛号"轻型航母。日本自称拥有3艘"大隅"级"输送舰",其规模和作战能力接近航母。另有1艘"日向"号"直升飞机驱逐舰"。

阿根廷现所用"五月二十五日"号航空母舰,原为英国皇家海军"巨人"级航空母舰,1948年荷兰购入并改装,后于1968年10月转卖给阿根廷,1969年2月开始在阿海军中服役。1982年,以它为核心的混编队攻占了马尔维纳斯岛,返航后一直停泊在本土港口内,再未启用。印度海军有"维克兰特"号、"维拉特"号和"戈尔什科夫"号3艘常规动力航母,现只有"维拉特"号轻型航母在役,"戈尔什科夫"号系印度从俄罗斯购买,正在俄罗斯进行改装,因种种原因交付时间被拖后到2012年。

中国曾从前苏联购买了瓦良格号、基辅号、明斯克号等航空母舰,但这些航母都未做军事用途。

▶法国"戴高乐"级航空母舰

第十三章

航空兵器代表未来

　　飞机按用途划分，可分为民用航空飞机和国家航空飞机两种。国家航空飞机指军队、警察和海关等使用的飞机，民用航空飞机主要包括客运、货运和客货两用机。

　　军用飞机是直接参加战斗、保障战斗行动和军事训练的飞机的总称，是航空兵的主要技术装备。主要包括：歼击机、轰炸机、歼击轰炸机、强击机、反潜巡逻机、武装直升机、侦察机、预警机、电子对抗飞机、炮兵侦察校射飞机、水上飞机、军用运输机、空中加油机和教练机等。飞机大量用于作战，使战争由平面发展到立体空间，对战略战术和军队组成等产生了重大影响。

世界军用飞机

▲首次参战的瓦赞飞机

1903 年 12 月 17 日，美国莱特兄弟在人类历史上首次驾驶自己设计、制造的动力飞机飞行成功。1909 年，美国陆军装备了第一架军用飞机，机上装有 1 台 30 马力的发动机，最大速度 68 公里/小时。同年制成一架双座莱特 A 型飞机，用于训练飞行员。从此以后，人类战争的舞台，从陆地、海面、水下拓展到了广阔的空间。在漫长又执着的探索中，人们创造了许多军用飞机之最，使充满惊险与刺激的航空发展史更加丰富多彩。

瓦赞：世界最早空战的飞机

　　早期的飞机被用于侦察，双方飞行机相遇时还经常招手打招呼，后来发展到用随身带的手枪射击。第一次世界大战初期的 1914 年 10 月 5 日，法国飞行员约瑟夫·弗朗茨和路易·凯诺驾驶瓦赞式双翼飞机从前线侦察归来，途中遭遇德国"阿维亚蒂克"双座侦察机，法机上安有哈奇开斯机枪，而德机上只有一支来复步枪。凯诺用机枪击中德机，致其起火坠落。这是首次飞机与飞机之间的空战，所使用的是执行侦察任务的飞机，机上的枪械也不是专为空战而设计安装的，使用不方便，所以还不能称之为战斗机。
　　世界上最早的专用于空战的歼击机由法国人雷蒙·桑尼埃研制，该机是在"莫拉纳·桑尼埃"L 型单翼机上加装固定式机枪而成。开始机枪从螺旋桨半径外射击，后在螺旋桨上面包上金属蒙皮，使得机关枪的子弹不能击穿螺旋桨。在以后的空战中，法国人使用"莫拉纳—桑尼埃"飞机占了大便宜。法国一位叫罗朗·加罗斯的法国飞行员，

▼美国"黑鸟"侦察机

驾驶这种飞机，18天内击落3架、迫降2架德机，从而第一个获得"王牌"飞行员的称号。从此，各国就把击落5架飞机定为王牌飞行员的标准。

1915年4月19日，罗朗·加罗斯的飞机由于发动机故障被迫降落在德军阵地附近，一名叫福克的德国工程师以此为参考，研制出"福克式"战斗机。这种飞机使用同步机枪，机枪与螺旋桨有一个连动装置，从而可以使子弹从螺旋桨桨叶之间射击，比侧方射击更具杀伤力。"福克式"战斗机使德国空军一度占据空战优势，史称"福克式灾难"。

金鸟：最早从军舰上起飞的飞机

1910年11月14日，美国飞行员尤金·伊利驾驶一架"金鸟"号柯蒂斯双翼机，从停泊在美国东海岸汉普顿的锚地的伯明翰号巡洋舰上起飞。伯明翰号舰首甲板上铺设着26米的木制飞行跑道，舰桥开始向前甲板延伸。

当时，试验现场刮起了大风，为了完成试飞任务，驾驶员伊利决定强行起飞。飞机顺利滑出，由于跑道距离太短，它未能达到应有的起飞速度。刚一离开飞行甲板，"金鸟"号便因升力不足而越飞越低，几乎径直向海面冲去。伊利沉着操纵着飞机的尾水平舵，终于在飞机扎进大海前的一刹那将它拉起。然后，"金鸟"号又在海面上飞行了几千米，最后在海滩附近的一个广场上安全着陆，观看的人群爆发出了热烈的欢呼。

▲中国"飞豹"强击机

这是人类首次驾驶飞机从一艘军舰上起飞，这次壮举为航空母舰和海军航空兵的发展迈出了艰难的第一步。

B-29：第一颗投放原子弹的飞机

它是第二次世界大战期间美军的"超级空中堡垒"轰炸机。

"B-29"是波音公司研制的一种轰炸机，被称作"超级飞行堡垒"。它装有4台发动机。载油量达37277升，载弹量为9000千克，航程近6000千米，可以在1万米以上的高空飞行。它还装有4个炮塔，每个炮塔各装两挺机枪，由射击员操控这些机枪。飞机尾部装有一门20毫米航炮，该飞机在当时是最先进的飞机。

扣留 B-29 研制图-4

第二次世界大战期间，美国曾援助苏联各种飞机1.5万架，但拒绝向他们提供这种B-29轰炸机。1945年，在战争中美军有4架B-29轰炸机在苏联远东地区迫降，苏联扣留了这些飞机，随后着手仿制，制造出装有4台发动机的重型轰炸机图-4。1947年，图-4重型轰炸机首次出现并用于试验性轰炸，引起人们的高度重视。

1945年8月6日和9日，美国用"B-29"向日本空投了两颗原子弹，使"B-29"声名大振。美军在广岛投下的原子弹代号为"小男孩"，在长崎投下的原子弹代号为"胖子"。为了携带"胖子"，"B-29"加大了弹舱，投弹装置也进行了改装。"胖子"在离开弹舱一分钟后爆炸。巨大的气浪使脱离爆炸区的"B-29"飞机受到冲击，剧烈的抖动把舱内忘系安全带的乘员掀出了座椅。

X-15：最快的飞机

1954年，美国宇航局和空海军计划联合研制一架可以试验未来太空飞行条件的飞机。北美航空公司花了不到四年时间制造了三架"X-15"，这种飞机宽不足7米，加上机翼也才15米，飞行时速可达6400公里，飞行高度可达80公里。"X-15"可以接近太空作短暂飞行，目的是探索载人航天。

"X-15"飞机表面使用镍铬合金，舱内装备液态氮系统，以提高飞机和飞行员耐受高温、抗击地球引力挤压的能力。飞行时，它先由B-52挟带到约1.5万米高空，安全脱离后，飞行员启动火箭发动机，以强大的动力向高空飞去。这种飞机对飞行员的身体和技术提出了极高的要求，他们要在6倍地球引力的过载下，准确完成一系列复杂动作。共有12名军用和民用飞机试飞员飞过X-15，其中有几个人后来成了宇航员。

"X-15"创下的飞行高度和飞行速度纪录比预计的更理想，3号飞机飞行高度超

▼美国"X-15"飞机

过了 107 公里，2 号飞机飞行速度达到了每小时 7232 公里，即 7 倍以上的音速。X-15 系美国在载人航天技术方面的第一笔大投资。从 X-15 的飞行中，美国人得到了大量的信息，从而加速了太空计划的发展。

"X-15"计划持续了约 10 年之久，大约完成了 200 次飞行。1967 年，飞行员迈克尔·亚当斯第 7 次飞"X-15"时，飞机在 80 公里高度、5 倍以上音速速度飞行时，偏离航线，高速冲向地面，机毁人亡。

▲停机坪上的"安-225"巨型运输机

1968 年，"X-15"完成了最后一次飞行，当时美国宇航局需要将经费用于其他项目，决定停止"X-15"计划。

安-225：世界上最大的运输机

"安-225"是目前世界上最大的战略运输机，其体积和载重量雄居全球之首。该机翼展 88.40 米，机长 84.00 米，机高 18.20 米，机翼面积 905.0 平方米。最大载重量可达 250 吨，飞行距离 4500 公里。人们给它取了一个好听的名字——梦幻。

"安-225"飞机于 1985 年中期开始设计，1988 年 12 月 21 日原型机首次飞行，1989 年 5 月 13 日，被作为"暴风雪"号航天飞机的母机使用。

"安-225"采用 6 台扎波罗什"进步"机器制造设计局的 D-18T 涡扇发动机，单台推力为 229.5 千牛，装有反推力装置。其机组包括 6 名空勤人员，为正副飞行员、2 名飞行工程师、领航员和通讯员。

"安-225"的货舱可装入 16 个集装箱，能够运输大型航空航天器部件，以及天然气、石油、采矿、能源等行业的大型成套设备，既能保证产品质量，又可缩短运输周期。

▼发送航天飞机的"安-225"

这种飞机至今仅生产了 1 架，更多的时候，它和同系列的"安-124"飞机一起，承揽运输租赁业务。不过，租用这样的庞然大物，费用也是很高的了。

空中捕猎飞艇

飞艇是一种轻于空气的航空器,它与气球最大的区别在于具有推进和控制飞行状态的装置。飞艇由巨大的流线型艇体、位于艇体下面的吊舱、起稳定控制作用的尾面和推进装置组成。艇体的气囊内充以密度比空气小的浮升气体(氢气或氦气)借以产生浮力使飞艇升空。吊舱供人员乘坐和装载货物。尾面用来控制和保持航向、俯仰的稳定。

飞艇属于浮空器的一种,也是利用轻于空气的气体来提供升力的航空器。根据工作原理的不同,浮空器可分为飞艇、系留气球和热气球等,其中飞艇和系留气球是军事利用价值最高的浮空器。飞艇和系留气球的主要区别是前者比后者多了自带的动力系统,可以自行飞行。飞艇分有人和无人两类,也有拴系和未拴系之别。

飞艇获得的升力主要来自其内部充满的比空气轻的气体,如氢气、氦气等。现代飞艇一般都使用安全性更好的氦气来提供升力,另外飞艇上安装的发动机提供部分的升力。发动机提供的动力主要用在飞艇水平移动以及艇载设备的供电上,所以飞艇相对于现代喷气飞机来说节能性能较好,而且对环境的破坏也较小。

从结构上看,飞艇可分为三种类型:硬式飞艇、半硬式飞艇和软式飞艇。硬式飞艇是由其内部骨架保持形状和刚性的飞艇,外表覆盖着蒙皮,骨架内部则装有许多为飞艇提供升力的充满气体的独立气囊。半硬式飞艇要保持其形状主要是通过气囊中的气体压力,另外部分也要依靠刚性骨架。20世纪20年代,一艘意大利制造的半硬式飞艇从挪威前往阿拉斯加的途中穿过了北极点,这是人类历史上第一架到达北极点的飞行器。

在一战中,德军建立了专业的飞艇部队,多次对英国实施轰炸,在取得不俗战果的同时,也付出了沉重的代价。

空中宠儿:在英国船员坐视中淹亡

在战争爆发后,德国陆军和海军都建立起了自己的飞艇舰队。开战后执行轰炸英国的任务,以图从空中摧毁英国的工业基地,打击英国的士气。1914年8月5日夜,飞艇成功地轰炸了比利时的列日要塞,8月26日,德国飞艇对安特卫普实施了一周的轰炸,8月30日空袭了巴黎。1915年5月31日,德国陆军LZ-38号飞艇首次空袭了伦敦,炸死7人,炸伤31人。德国军方天真地认为,飞艇是他们手中的一门终极武器,飞艇一出,无往不胜。因为,当时的飞机比较简陋,遇到飞艇常常束手无策。即使用枪将其打破,它们也能勉强飞回。

飞艇是德国的战争宠儿,人们

▼德国"兴登堡"民用飞艇爆炸

▲德国的 L30 飞艇

狂热地崇拜这些巨大的机器，每次对英国的空袭总能赢得德意志帝国的一片欢呼鼓噪之声。英国人则是对这些打不到、够不着的东西恨之入骨，以至当一艘德国飞艇因机械故障坠毁在海中的时候，附近的一艘英国拖船无视"救助遇难者"的通则，坐视德国艇员们被海水淹死。

飞机 VS 飞艇：战果悬殊的较量

1916 年夏天，英国人研制了高爆子弹和燃烧弹，很快扭转了局势。英国人先用高爆子弹打穿飞艇的氢气气囊，跑冒出来的高纯度氢气与空气充分混合，然后由燃烧弹将这一大团混合气体引爆，这种混装子弹成了对付德国飞艇最有效的武器。

▼二战飞艇生产工厂

1916 年 9 月 2 日晚，德国海军 12 艘飞艇和 4 艘陆军飞艇，携带 32 吨炸弹，从泰晤士河口上空进入英国。到达伦敦东区船坞上空后，投下了炸弹，然后调头向东北飞去。在途中，他们遇到了皇家空军少尉威廉·罗宾逊驾驶的一架驱逐机，但是飞艇很快就钻进了云层里。

轰炸伦敦近郊圣奥尔本地区的一艘陆军

飞艇，被安装在芬斯伯里和维多利亚公园的探照灯抓住。飞艇摆脱探照灯向北逃脱，遇到了罗宾逊少尉。罗宾逊从后面接近这艘灰色飞艇，向它发射了两个混合子弹夹，但是没有看到丝毫击中目标的迹象。罗宾逊调头再次接近，瞄准飞艇侧面发射。飞艇内部起火，引燃了飞艇外面的蒙布。几秒钟之内，飞艇熊熊燃烧，缓缓坠落。

▲二战期间飞艇生产酷似裁缝做衣

熊熊火焰像一个巨大的照明灯，让依靠夜幕掩护的其他飞艇无法藏身。盘旋在附近的英国飞行员信心大增，快速围攻。德国飞艇开足马力，扔下全部炸弹往北逃跑，在英国飞行员到达之前跑出了火光的照耀范围。

这场飞机斗飞艇的战争，双方损失悬殊。德国飞艇轰炸，给英国造成了2.1万英镑的损失。而德国死亡了16名艇员，损失了一艘价值9.3万英镑的飞艇，另有17吨优质高爆炸弹"送"到了英格兰乡下的软土中。

德海军密码本：残骸中的意外收获

9月23日下午，12艘德国海军飞艇从德国的库克斯港基地起飞再次攻击英国，其中一艇被地面发射的一发炮弹打穿艇身。这艇飞艇清空了压载的沙包和水袋，以每分钟800英尺的速度急速上升到飞机爬升不到的高度，放出了烟幕，准备返回德国。正好遇到了一架英国战斗机，又挨了几梭子混合燃烧弹。吓破了胆的指挥官下令立即着陆，抵达地面后，他们引爆了飞艇，然后向英国人投降。

▼低空飞行的德国飞艇

另一艘飞艇引擎发生故障，修复之前一直在空中来回兜圈子。当排除故障飞至泰晤士河上空时，被英国飞行员发现。伦敦东区地面探照灯集中到它的身上，向飞行员指示这个大靶子的位置。英军飞行员索维利少尉驾驶着双翼机，在飞艇附近飞了四个来回，射光了整整三个弹夹，直到看见火光破过织物蒙皮喷射出来为止。随后，索维利发射了一枚红色信号弹，降落在一个农场的草地上。英国皇家海军的情报人员不顾氢气爆炸燃烧的火焰和高温，抢救出了一本德国海军密码本。德国人这一违反保密规定的行为，无疑让英国密码破译人员如获至宝。

巨大恐慌：打击的不仅是飞艇

飞艇坠毁严重打击了德军的士气，两天之后的另外一次空袭，一名上尉在出发前，勇气丧失殆尽，于是被留在了地面，送回水面舰艇部队服役。另一艘飞艇小心翼翼地靠近了海滨城市克雷默，把炸弹全部扔进了海里，然后调头返航。

在10月1日的第三波攻击中，共有11艘飞艇从德国出发，但只有两艘获准轰炸伦敦。其中一艘从东北方向抵达伦敦上空，关闭了发动机，以免英军探照灯操作员听见声响。凌晨0点30分，该艇重新开启发动机，马上被下面的探照灯笼罩，4架英国战斗机飞过来。英军空军邓普斯特少尉驾驶着飞机近距离将一梭子混合燃烧弹射向飞艇，耀眼的火光再次出现在夜空，飞艇坠毁在波特斯巴尔。而英国飞机也险些坠地，经好几次侧翻才化险为夷。

1917—1918年，德国将一种名为"Height-climber"的新式轻型飞艇投入战场，这种飞艇升限比英国飞机高得多，但是有效载荷和续航力有限，而且高空投弹的精确性极低，已经无法完成有效的轰炸任务。德军海军飞艇部队逐渐移交给海军舰队作为侦查手段，或作为政府的宣传工具。1918年8月5日，德国飞艇部队的指挥官彼得·施特拉塞亲自率领飞艇最后一次空袭伦敦，结果被击中坠毁而亡。

自1915年1月19日至1918年8月5日，德国出动飞艇208艘次、飞机435架次对英国实施空袭，其中飞机空袭52次，飞艇空袭51次，投弹约300吨，造成约1300人死亡，3000人负伤。约有80艘飞艇毁于协约国的炮火和风暴中。

二战中的潜艇斗飞艇

1943年7月18日黄昏，两艘美军飞艇在佛罗里达半岛附近海域执行当日夜间巡逻任务。在通过一片云层之后，"K-74"发现了正在下方巡航的"U-134"号潜艇。当发现该潜艇正在右转准备袭击商船时，飞艇决定迎难而上展开攻击。

随着彼此距离的拉近，潜艇也发现了空中的飞艇，艇员们立刻操纵指挥塔后方的机枪和甲板上的甲板炮对空射击，飞艇也利用吊舱前的机枪进行还击。

德军机枪集中射击飞艇无任何防护的尾部，飞艇不得不设法勉强离开德军防空炮火的射程。经检查，飞艇上的两台引擎均已损坏。乘员们开始紧急充气并抛弃飞艇上的压载物，但收效不大，飞艇仍在缓缓下降。23点55分，飞艇尾部接触到海面，飞艇开始缓慢下沉。7月19日8点15分，"K-74"号飞艇沉没。

同年8月间，这艘潜艇在比斯开湾执行巡逻任务中，被两架英国皇家空军轰炸机击沉，"K-74"飞艇便成为"U-134"号潜艇在战争期间的唯一战果。

非典型飞机

随着航空技术不断进步，人们赋予飞机越来越多的任务，飞机的类型也变得五花八门。从起降场地看，既有传统的陆地起降，也有在水面起降；从起降方式看，既有滑跑式，也有垂直起降式；从担负任务看，既有直接用于作战的，也有完成战场侦察以及心理战、电子战任务的；从操纵样式看，既有有人驾驶，也有遥控指挥无人驾驶的无人飞机。

▲中国水轰五（SH-5）水上飞机

水上飞机：侦察、飞潜、救援

水上飞机是能在水面上起飞、降落和停泊的飞机。水上飞机分为船身式和浮筒式两种。水上飞机主要用于海上巡逻、反潜、救援和体育运动。第一架从水上起飞的飞机，是由法国著名的早期飞行家和飞机设计师瓦赞兄弟制造的。这是一架箱形风筝式滑翔机，机身下装有浮筒。1905年6月6日，这架滑翔机由汽艇在塞纳河上拖引着飞入空中。

水上飞机分为船身式和浮筒式：船身式即按水面滑行要求设计的特殊形状的机身；浮筒式是把陆上飞机的起落架换成了浮筒。两栖飞机则在船身或浮筒上装有可收放的起落架，在水上起降时收上，在陆上起降时放下。

▼美国"阿帕奇"武装直升机

水上飞机在军事上用于侦察、反潜和救援活动；在民用方面可用于运输、森林消防等。水上飞机的主要优点是可在水域辽阔的河、湖、江、海水面上使用，安全性好，地面辅助设施较经济，飞机吨位不受限制；主要缺点是受船体形状限制不适于高速飞机，机身结构重量大，抗浪性要求高，维修不便和制造成本高。

武装直升机：地面压制、战场运输

1939年9月，美籍俄国人西科斯基研制的VS-300试飞成功，这是世界上第一架接近实用的直升机。1942年，德国在Fa-223运输直升机加装了一挺机枪，这可算是最早的武装直升机。

50年代，美、苏、法等国都分别在直升机上加装武器，开始主要用于自卫，后来也用来执行轰炸、扫射等任务。60年代初，美国在越南战争中大量使用直升机用于运输。战争中，其直升机损失惨重，因而决定研制专用武装直升机。第一种专门设计的武装直升机是美国的AH-IG，1967年开始装备部队，并用于越南战场。

目前，武装直升机可分为专用型和多用型两大类。专用型机身窄长，作战能力较强；多用型除可用来执行攻击任务外，还可用于运输、机降等任务。美国的AH-1属于专用型，而前苏联的米-24属于多用型。现世界上最大的直升飞机是苏联的米-12，别名"信鸽"。它的最大起飞重量为105吨，货舱长28米，高和宽均为4.4米，可载重40吨，可以运送中型坦克、火炮及全副武装的士兵。

无人机：搜集信息、发起攻击

无人机是一种由无线电遥控设备或自身程序控制装置操纵的无人驾驶飞行器。它最早出现于20世纪20年代，当时作为训练靶机使用。无人机分为侦察机和靶机。侦察机用于完成战场侦察和监视、定位校射、毁伤评估、电子战等；也可民用，如边境巡逻、核辐射探测、航空摄影、航空探矿、灾情监视、交通巡逻、治安监控等。靶机可作为火炮、导弹的靶标。

▼美国"支努干"运输直升机

▲美国"全球鹰"无人机

无人机用途广泛，成本低，效费比好；无人员伤亡风险；生存能力强，机动性能好，使用方便，在现代战争中有极其重要的作用，在民用领域更有广阔的前景。

攻击无人机是无人机的一个重要发展方向。由于无人机能预先靠前部署，可以在距离所防卫目标较远的距离上摧毁来袭的导弹，从而能够有效地克服"爱国者"或"C－300"等反导导弹反应时间长、拦截距离近、拦截成功后的残骸对防卫目标仍有损害的缺点。如德国的"达尔"攻击型无人机，能够有效地对付多种地空导弹，为己方攻击机开辟空中通道。以色列的"哈比"反辐射无人机，具有自动搜索、全天候攻击和同时攻击多个目标的能力。

美军认为，21世纪的空中侦察系统主要由无人机组成。美军计划用预警无人机取代E－3和E－8有人驾驶预警机，使其成为21世纪航空侦察的主力。

心理战飞机：宣传造势、心理施压

在常规传统的战场上，两军对垒，鸡犬之声相闻，心理战宣传十分方便。最开始是用纸糊的传声筒进行心理战宣传，开展战场喊话。后来改用铁皮传声筒，再以后是高音喇叭、宣传车进行心理战宣传。撒传单开始用人工撒，以后用大炮发射宣传弹散发，再后来用气球空飘，用水漂器材水漂等。

在高技术战争中，多是非线式战场，兵力配置非常分散。传统的中低技术心理战手段就很难发挥作用了，必须采用一些高技术手段。比如说撒传单，就可用智能的无人驾驶飞机进行。这种智能无人驾驶飞机可以由地面遥控，也可自行控制。根据需要和地面情况自动调整飞行高度和速度，自行躲避地面敌炮火。过去用无人驾驶飞机进行空中心理战宣传，多是把事先录好的录音带在飞机上放出。现在则可以随时转播地面采访到的

▼前苏联"安－50"预警机

情况，时效性更强，而且具有现场感、参与感，心理战宣传效果更好。

在海湾战争中，美军的心理战花样翻新，其中高技术的手段令人耳目一新。海湾战争期间的一个傍晚，美军两架喷气式飞机高速飞到科威特沙漠伊拉克军队阵地上空，利用夜幕，两架飞机凭借机尾喷出的彩色尾气和高超的飞行技巧，迅速在伊军头顶上的天幕"画"了一幅巨大的伊拉克国旗。用喷出的白色尾气在刚画好的伊拉克国旗上打了一个很大的叉。看到这一情景，伊军大惊失色，一股不祥之兆笼罩在伊军官兵心头，士气一落千丈。

专用电子战飞机：数据链接、空中指挥

专用电子战飞机指专门遂行电子战任务，不带或少带其他攻击武器的特种飞机。根据主要任务，专用电子战飞机可分为电子侦察飞机、电子干扰飞机和携带反辐射导弹的飞机（反雷达飞机）。

电子侦察飞机装有多频段、多功能、多用途电子侦察和监视设备，主要用于飞临敌国边境附近或内陆上空，对敌电磁辐射源进行监视、截获、识别、分析、定位和记录，获取有关敌方雷达、通信、武器信息，以及电力线和汽车行驶时发出的电磁辐射等情报，供事后分析或实时将数据传送给己方指挥中心和作战部队，为实施电子对抗和其他作战行动提供依据。

电子干扰飞机装备多频段、大功率雷达和通信噪声干扰机、雷达告警系统、欺骗式干扰，和箔条或红外无源干扰物投放器等，主要用

▲美国"望楼"预警机

于遂行电子战支援干扰，压制敌防空系统，以掩护攻击机群实施突防和攻击。

反雷达飞机是一种压制敌防空火力的硬杀伤电子战飞机，如美国的"野鼬鼠"反雷达飞机，机上载有雷达报警接收机或电子战支援系统和"哈姆"高速反辐射导弹、集束炸弹和空空导弹，还有自卫用的有源干扰吊舱和无源干扰物投放器。这种飞机的主要任务是用反辐射导弹直接摧毁敌地面雷达和杀伤操作人员。

专用电子战飞机的主要发展方向是，提高机载电子战系统的性能和综合化程度，研制新型隐身电子战飞机、大功率通信干扰飞机，发展侦察干扰、反辐射等电子战无人机。

第十四章

原子生化武器

　　原子弹主要由引爆控制系统、高能炸药、反射层、由核装料组成的核部件、中子源和弹壳等部件组成。引爆控制系统用来起爆高能炸药；高能炸药是推动、压缩反射层和核部件的能源；反射层由铍或铀-238构成。铀-238不仅能反射中子，而且密度较大，可以减缓核装料在释放能量过程中的膨胀，使链式反应维持较长的时间，从而能提高原子弹的爆炸威力。核装料主要是铀-235或钚-239。

　　原子弹的威力通常为几百至几万吨级TNT当量，有巨大的杀伤破坏力。它可由不同的运载工具携带而成为核导弹、核航空炸弹、核地雷或核炮弹等，或用作氢弹中的初级（或称扳机），为点燃轻核引起热核聚变反应提供必需的能量。

　　生化武器包括生物武器和化学武器两种，它们都属于大规模杀伤性武器。化学武器指利用化学物质的毒性以杀伤有生力量的各种武器和器材的总称。生物武器过去也称细菌武器，它指以生物战剂杀伤有生力量的武器。生化武器的施放装置包括炮弹、航空炸弹、火箭弹、导弹弹头和航空布撒器、喷雾器等。

　　原子和生化武器是人类科技进步的产物，却成为人类文明发展的灾难。这些先进武器自发明之后，就不断演变为野心家和战争狂人的杀人工具。

救命稻草

早在 1942 年，德国就拥有了世界上最先进的核技术，但希特勒开始并不相信能造出原子弹。直到 1943 年末，前线德军的不断败退让希特勒开始将赌注押在新式武器上。他下令增加对核武器项目的拨款，想以此扭转战局。然而，希特勒没有等到梦想中的那一天，他和他的"千年帝国"在奥尔德鲁夫原子弹试验的 2 个月后就灭亡了。

▲迄今为止，世界上最大的火炮——多拉炮

爆炸重水工厂：盟军切断德国核原料

1942 年年 6 月，罗斯福与丘吉尔会晤，全面衡量了德美双方研制原子弹工作进展情况。他们从情报中获悉，德国占领挪威后，便命令挪威一家生产重水的工厂每年向德国提供 5 吨重水。重水是使原子反应堆中的中子得以减速的缓冲材料，有了重水就能控制反应堆，制造原子弹就有了可能。为了阻止德国制造成原子弹，必须炸毁挪威的重水工厂，切断德国的重水来源。

1943 年 2 月 17 日，盟国派出的突击队经过一次失败后，终于潜入了挪威重水工厂。他们把炸药贴在重水罐的桶板上，点燃了导火索，随着一声爆炸，所有罐中的重水流入了下水道。

这次爆破的胜利，使这个重水工厂至少一年之内无法再生产出一滴重水。纳粹德国制造原子弹的工作受到了阻碍。

试验含钚炸弹：以 700 名苏联战俘作样本

1945 年 3 月 3 日 21 时 20 分，德国奥尔德鲁夫发出巨响，一股巨大的烟柱腾空而起，黑夜突然变成了白昼，人们甚至可以在窗口看清报纸上的小字。烟柱迅速膨胀，很快就变得像一棵枝繁叶茂的大树。

爆炸过后，党卫队在靶场上焚烧了几百具被严重灼伤的尸体。此后，奥尔德鲁夫市发生了许多怪事：有人连续头痛了两个星期，有人的鼻子则经常出血，这些都是人体遭受核辐射后的症状。居民们还在附近的林子里发现了大片齐刷刷倒下的树木，树木表面已经烧焦。

▼1945 年，美军在奥尔德鲁夫发现大批被烧焦的尸体

这是德国纳粹科学家在奥尔德鲁夫进行秘密核试验的一个场景。他们引爆了一枚含有 5 千克钚的炸弹，试验品是 700 名苏联战俘。

纳粹的科学家至少试爆过三颗原子弹，其中有两颗在奥尔德鲁夫试爆。第一

次核试验时间为1944年秋天，在德国北部的吕根岛上进行。按照时间推算，最早进行核爆炸试验的是德国，它比美国试爆第一颗原子弹早了4个月。

发动核进攻：法西斯的最后梦想

纳粹科学家们没有让希特勒失望，他们在短短的时间内造出了原子弹，但由于设计上的缺陷，这个炸弹威力并不太大。大部分核物理专家认为，按照现在的标准看，纳粹科学家们造出的更可能是"脏弹"，而不是货真价实的原子弹。这种核炸弹可以杀掉方圆500米内的所有人，在附近的土地上造成放射性污染，但威力远远赶不上4个月后美国在新墨西哥州试爆的原子弹。

然而，希特勒对这个武器寄予厚望，他打算用以轰炸伦敦、巴黎，并进攻进入柏林的苏联红军。企图以此作最后一搏，甚至扭转乾坤。

在柏林被包围的时候，纳粹核科学家们依然保持了良好的情绪，他们告诉沮丧的德国工人，党卫队的保险柜里有两颗可以帮助德国赢得战争的神奇武器。纳粹装备部长施佩尔也对手下说，德国已经有了一种新型炸弹，只需一个火柴盒大小，即可将纽约夷为平地。他们认为只要再坚持一年，就能赢得战争。

纳粹领导人在投降前三个星期，认真讨论了与盟国进行小型核战争的方案，包括派自杀飞行员驾机携带"神奇武器"轰炸伦敦和巴黎。在东线战场，党卫队则希望能够利用这种核弹打击已对柏林形成包围态势的苏联红军，企图拖延苏联对柏林的进攻。但此时一切都晚了，纳粹科学家已没有时间收集足够的核原料来制造原子弹。

对美国人来说，打败德国意义是多重的。仅军事技术领域，就足以令他们眼睛为之一亮。有人猜测那颗著名的"小男孩"原子弹，其加装的铀产自德国。德国投降时，德国海军的"U-234"潜艇正在运送各种新武器技术及铀原料前往日本。在接到德国无条例投降的消息后，"U-234"上德国官兵连同艇上物资向美军投降，两名随舰的日本军官则在艇上自杀。据闻，舰上的铀原料后来被美国用在"曼哈顿计划"当中。

世界原子弹之父——罗伯特·奥本海默

1945年7月14日，世界上第一颗原子弹在美国新墨西哥州阿拉摩戈多沙漠上空爆炸成功。领导研制工作的是美国科学家奥本海默(1904—1967)，他因此被人们誉为"原子弹之父"。

1941年底，美国总统罗斯福批准了研制原子弹的"曼哈顿工程"，奥本海默被任命为工程的组织者。在他的领导下，大批一流的科学家密切合作，只用了3年多的时间，就制造出了原子弹。

1945年8月，美国在日本投下两颗原子弹，几十万人丧生，这使奥本海默深感内疚。他大声疾呼：科学家不应只顾研究，还应当肩负起对社会的责任。第二次世界大战以后，因极力主张原子能和平利用，反对制造氢弹，而被指责为"不忠实"。

从1946年到1952年，奥本海默任原子能委员会总顾问委员会主席，并曾是许多国际性原子能机构成员，同时继续从事理论物理研究。他还培养了许多理论物理学家。1963年，已患癌症的奥本海默被美国总统授予恩里科·费米奖。

"胖子"和"小男孩"

德国在二战期间为了获得最终胜利，加紧对原子弹的研究。对于德国的行为，美国感到忧心忡忡。1939 年 8 月，美国总统罗斯福收到著名科学家爱因斯坦的一封来信，信中建议美国赶在德国之前造出第一批原子弹。他采纳了爱因斯坦的建议，启动原子弹研制计划。这个举动意义非凡，它不仅使美军对日本实施核打击成为可能，而且为日后美国推行霸权主义、强权政治增加了筹码。

爱因斯坦：德国已向外停售铀矿石

1939 年 8 月的一天，一封由著名科学家爱因斯坦签名的信，放在了美国罗斯福总统的办公桌上。爱因斯坦在信中指出，元素铀在将来会成为一种新的重要能源。在不远的将来，有可能制造出一种威力极大的新型炸弹。目前德国已停止出售它侵占的捷克铀矿的矿石。如果注意到德国外交部长的儿子在柏林威廉皇帝研究所工作，该所目前正在进行和美国相同的对铀的研究，就不难理解德国何以会有此举了。

罗斯福总统默默地读完了爱因斯坦的信，他有些犹疑不定；这件事非同小可，这种谁也没见过的原子弹能否制造出来？人员、经费、保密问题如何解决？假如制造中不慎爆炸怎么办？科学顾问萨克斯提醒他：当年拿破仑就是因为没有采用富尔顿创造蒸汽船的建议，最终没能渡过英吉利海峡征服英国。如今，德国正在疯狂扩军备战，一旦他们得逞，美国就会处于危险被动的境地。

经过一周的思考和研究，10 月 19 日，罗斯福决定对爱因斯坦的信作肯定的回答。按照罗斯福的指令，一个代号为"S-11"的特别委员会很快成立起来，开始了核试验研究。

▲爱因斯坦

▼坐在实验仪器旁的西伯格博士

"曼哈顿"计划：惊世骇俗的绝密工程

1941 年 12 月 6 日，美国正式制定了代号为"曼哈顿"的绝密计划，试验利用核裂变反应来研制原子弹。罗斯福总统赋予这一计划以"高于一切行动的特别优先权"。

"曼哈顿"计划规模大得惊人。由于当时还不知道分裂铀235的3种方法哪种最好,只得用3种方法同时进行裂变试验。因此整个"曼哈顿工程"规模异常庞大,共分为十六个分支工程,其中关键工程有四个:

一是费米领导的原子反应堆,1942年12月2日,在芝加哥大学建成了世界上第一座铀—石墨原子反应堆。从实验上论证了链式反应理论,为原子弹的制造提供了可靠的基础。

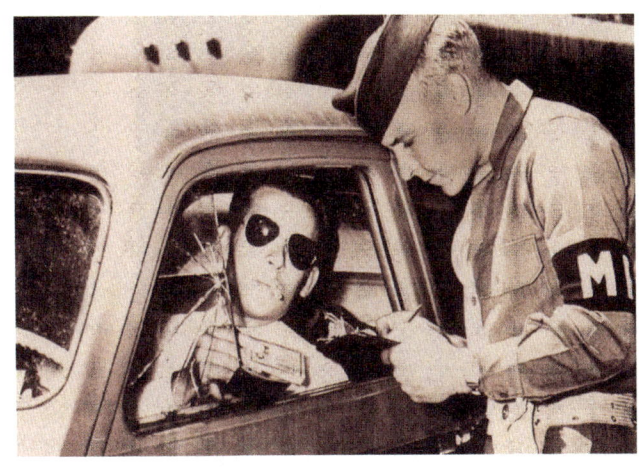
▲进入洛斯阿拉莫斯实验区须接受严格检查

二是由佩汀领导的核反应材料工厂,先是在依阿华州立大学进行技术研究,后于1943年6月21日在田纳西州诺克斯维尔市东北克林顿镇建立了生产铀235的工厂,所以称为"克林顿工程局",代号"橡树岭"。该工厂招募的工人最多时达到8.2万人,原料是来自非洲刚果的钒酸钾铀矿石,主要采取气体扩散和电磁分离两种方法从铀的天然存在形式中分离铀238和铀235。

三是由西伯格博士领导的核反应材料工厂,主要通过反应堆生产核反应的另一种优良原材料钚,1943年2月28日在华盛顿州汉福德开始建设提炼钚的工厂,该厂招募的工人最多时也达到了6万人,至1945年7月已生产出60千克钚239。

四是位于新墨西哥沙漠中的洛斯阿拉莫斯实验室,代号"Y计划",这里既承担原子弹的总装任务,又负责原子弹的研制工作,是整个"曼哈顿工程"的核心,由奥本海默负责,实验室地址也是奥本海默亲自选定的。

这项复杂的工程成了美国科学的熔炉,在"曼哈顿工程"管理区内,汇集了以奥本海默为首的一大批来自世界各国的科学

阿尔索斯特殊谍报队

为搞清德国核武器研究的进展情况,1943年底,美国陆军成立了一个代号"阿尔索斯"的特殊谍报队,队员都来自美国陆军和海军情报系统,队长为帕希上校。美国军方为"阿尔索斯"制定了三项作战任务:一是抓捕德国核物理学家;二是夺取德国人手中的铀金属及矿石;三是借机破坏德国可能用于原子弹计划的一切工业设施。

1945年3月,阿尔索斯进入德国,抢在苏联人之前,俘获了哈恩、劳埃、海森堡等著名科学家。因为在他们看来,抓到一个海森堡比消灭十个德国师重要得多。到第二次世界大战结束时,阿尔索斯谍报队通过各种手段,把德国、意大利的几千名科学家、工程师带到了美国本土。

1945年10月,阿尔索斯正式解散。那些被阿尔索斯抢过来的科学家对美国原子物理学、核物理学、化学和数学等学科的发展起到了不可估量的作用。

▲波茨坦会议"三巨头"：斯大林、杜鲁门、丘吉尔

家。科学家人数之多简直难以想象，在某些部门，带博士头衔的人甚至比一般工作人员还要多，而且其中不乏诺贝尔奖得主。"曼哈顿工程"在顶峰时期曾经起用了53.9万人，总耗资高达25亿美元。这是在此之前任何一次武器实验所无法比拟的。

负责人L.R.格罗夫斯和R.奥本海默应用了系统工程的思路和方法，大大缩短了工程所耗时间。于1945年7月16日成功地进行了世界上第一次核爆炸，并按计划制造出两颗实用的原子弹。整个工程取得圆满成功。

这项全称"曼哈顿工程管理区"的计划，一直处于高度保密状态，就连时任美国副总统的杜鲁门对此都毫不知情，直到1945年4月他接任总统时才知道了这件事情。

杜鲁门："小男孩"要出动了

1945年夏天，美国人成功研制出3颗原子弹，他们给这些原子起了非常可爱的名字："瘦子""胖子"和"小男孩"。这年7月16日5时30分，"瘦子"在新墨西哥州爆炸。闪电划破黎明的长空，巨大的火球升上8千米高空，强大的冲击力使大地微微颤抖，巨大的声响传遍美国西部，闪耀的强光照亮天地，以致很多人以为太阳提前升起。

"小男孩"为枪式起爆的铀弹，长3米，直径71厘米，重4.4吨，TNT当量为1.3万吨。"胖子"是一颗内爆式钚弹，长约3.6米，直径1.5米，重约4.9吨，TNT当量为2.2万吨，爆高503米。由气压、定时、雷达和冲击4个不同引信组成。

"瘦子"爆炸成功时，美国总统杜鲁门正在参加波茨坦会议，他兴奋异常，暗藏玄机地对斯大林和丘吉尔说，"小男孩"要出动了。苏、英两位巨头听得莫名其妙。杜鲁门认为，原子弹不仅是一种可以对付日本的军事武器，也是一种可以抑制苏联、提高美国国际地位的外交武器。他在8月2日的归途中，决定立即对日本使用原子弹。

各国爆炸原子弹时间

1939年10月，美国政府决定研制原子弹，1945年造出了3颗。一颗用于试验，两颗投在日本。其他国家爆炸第一颗原子弹的时间：苏联——1949年8月29日；英国——1952年10月3日；法国——1960年2月13日；中国——1964年10月16日；印度——1974年5月18日。中国第一次核试验以塔爆方式进行，用的是"内爆法"铀弹。1965年5月14日第二次核试验时，核装置用飞机空投。1966年10月27日第四次核试验时，核弹头由导弹运载。

▼中国自行研制的第一颗原子弹爆炸

氢弹

▲中国第一颗氢弹爆炸

氢弹是利用原子弹爆炸的能量点燃氢的同位素氘等氢原子核的聚变反应瞬时释放出巨大能量的核武器。又称聚变弹、热核弹。氢弹的杀伤破坏因素与原子弹相同，但威力比原子弹大得多。原子弹的威力通常为几百至几万吨级TNT当量，氢弹的威力则可大至几千万吨级TNT当量。还可通过设计增强或减弱其某些杀伤破坏因素，其战术技术性能比原子弹更好，用途也更广泛。

1942年，美国科学家在研制原子弹的过程中，推断原子弹爆炸提供的能量有可能点燃轻核，引起聚变反应，并想以此来制造一种威力比原子弹更大的超级弹。1952年11月1日，美国进行了世界上首次氢弹原理试验。从50年代初至60年代后期，美国、苏联、英国、中国和法国都相继研制成功氢弹，并装备部队。

保罗·蒂贝茨：轰炸广岛，我终生无悔

美国陆军航空部为了这次行动，秘密组织了一支以飞行员保罗·蒂贝茨上校为大队长、番号509混合大队的轰炸机部队。

1945年8月6日，509大队的三架B-29型飞机按照指示，分别对日本的广岛、小仓和长崎上空的气象作最后侦察。混合大队决定以广岛为首选目标，如果气象有变，就攻击另外两个城市中气象条件较好的一个。

飞机飞到广岛之后，原本密集的云海现出一个缺口，地面的草地都能看清。气象观测机将这一情况报告给蒂贝茨，蒂贝茨非常高兴，他认为这是上天提供的绝好机会。

7时50分，蒂贝茨机组驾驶装载着"小男孩"的B-29轰炸机起飞，不一会儿就到达了广岛，飞机保持3000米高度。在投弹计数前，蒂贝茨要求大家戴好护目镜。8时15分17秒，舱门打开，"小男孩"尾部朝下滑了出去，在空中翻了几个跟头之后，笔直地朝着广岛落了下去。在550米高度，重达4400千克的"小男孩"自动引爆。

不一会儿，冲击波出现了，它恶魔般地向城中的各种建筑物扑去，原有76000座建筑物的广岛市，只有6000多座残留。约7万人直接死于"小男孩"的攻击，大约相同数量的人受伤。据统计，截止到1999年，死于"小男孩"原子弹的人数已上升至20万。时至今日，广岛市仍将相生桥附近的地区列为放射污染区。

8月9日凌晨3时50分，两架B-29重型轰炸机从提尼安岛起飞，美军以长崎为目标，对日本实施了第二次核打击。轰炸造成长崎市23万人口中的10万余人当日伤亡和失踪，城市60%的建筑物被毁。

2007年11月1日，蒂贝茨在俄亥俄州首府哥伦布的家中逝世，享年92岁。蒂贝茨生前要求亲友不举办葬礼，不立墓碑，以防止批评者们借机搅局。他希望死后火化，骨灰撒入英吉利海峡，因为那是他二战时最喜欢飞过的地方。他的一个孙子继承祖父职业，成为一名美军B-2轰炸机飞行员，在欧洲服役。虽饱受争议，但蒂贝茨一生从未后悔当年向日本投下原子弹，他坚信那是"为尽快结束杀戮"所采取的正确行动。

灭绝人性的生化武器

生化武器虽是科技进步的产物,但其发展历程充满了野蛮和血腥,成为人类文明史上的污渍。

兔热菌:3000年前的生物武器

公元前1320～前1318年的安纳托利亚战争期间,古代阿扎瓦人和赫提人都曾在双方交战中将感染患病的动物用作武器。这些动物都曾是土拉弗朗西斯菌的携带者。

土拉菌病又称兔热菌,其病原体就是土拉弗朗西斯菌,即便是在今天,如果不使用抗生素及时治疗也极易致命。赫提王国(今天土耳其、北叙利亚一带)曾在攻打了西米亚市后,在战利品和囚犯的传播下感染了土拉菌病,几年内两位国王相继死于该病。赫提王国为此大受重挫,于是来自西安纳托利亚的阿扎瓦人乘虚而入,因此公元前1320至前1318年,力量薄弱的赫提人用感染土拉菌病的驴和羊作为武器,将其赶上阿扎瓦的公路,以便将土拉菌病传播给敌人。阿扎瓦人看穿赫提人的用计后,立即以牙还牙,也将染病的公羊赶上了敌军的公路。当时人们对传染病菌有所认识,实行过染病区人员隔离制度,并且注意不接触使用病人的私人物品。

后来,战争使这种病传播到了安纳托利亚中部和西部。最后,随着曾在西安纳托利亚作战的爱琴海战士返回家园,传染病得到进一步传播扩散。这场瘟疫持续了35～40年,土拉弗朗西斯菌通过诸如驴等啮齿类动物,感染了人类和动物,并导致他们发烧、残疾和死亡。

▼浙江义乌崇山村曾受日军细菌武器严重侵害

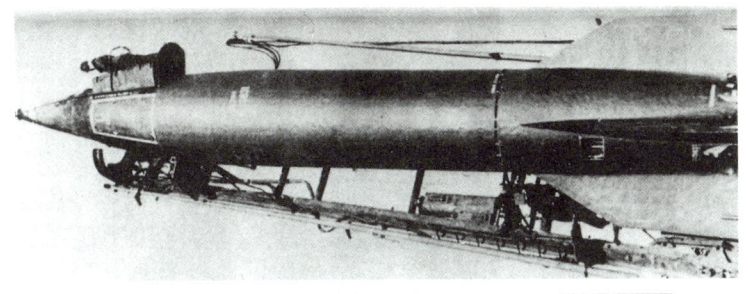

▲德军对将要袭击英国南部地区的 V-2 型导弹作最后检查调试

炭疽炸弹：英国曾打算用于攻击德国

二战前中期，美英对生化武器非常重视，当时还没有核武器，生化武器是威力最大的非常规武器。

1944 年，德国 V 型导弹出现，英美担心德军利用 V 型导弹向英国发射生化武器。英国向美国紧急预定 50 万枚炭疽炸弹，英国首相丘吉尔将其作为战争的第一要务。由于当时美国的生产能力跟不上，50 万枚炭疽炸弹最终没能达到英国人手中。如果丘吉尔得到这批武器，很有可能会像美国首先使用原子弹一样，首先使用炭疽炸弹重创德国。

1945 年，美国用相当于研制原子弹 1/5 的经费，用于生化武器的试验。当原子弹的巨大威力在日本得到了证明，美国人认为已经掌握了撒手锏，对生化武器的兴趣大减。而在当时，美国人已用了 50 万只动物做试验，试验了十几种病菌，炭疽炸弹也即将完成。从某种意义上看，是原子弹阻挡了生化武器的大规模使用扩散。

二战结束后，同盟国发现希特勒虽然研制了化学武器，但并没有研制生物武器，关于德国有生物武器的情报，事后被证明是一个错误。

放过 731 部队：美日的肮脏交易

二战期间，日本居然拥有一支代号 731 的专业细菌部队，负责人是臭名昭著的石井四郎。石井四郎在二战爆发前，曾到欧洲考察过各国生化武器研制情况，回国后便开始推动日本的生化武器研制，并将研究基地设在了中国境内。侵华日军从 1933 年起直到 1945 年战败，在中国实施细菌战长达 12 年之久，当时日军投放细菌战剂的方式有细菌炸弹、飞机喷雾和人工散布等，传播炭疽、伤寒、鼠疫、霍乱、痢疾等疾病，死难的中国平民有据可查的就有 27 万人。直到现在，中国的土地上还有日军遗弃的生化武器几十万枚，分

▼反映侵华日军在原汤溪县暴行的资料

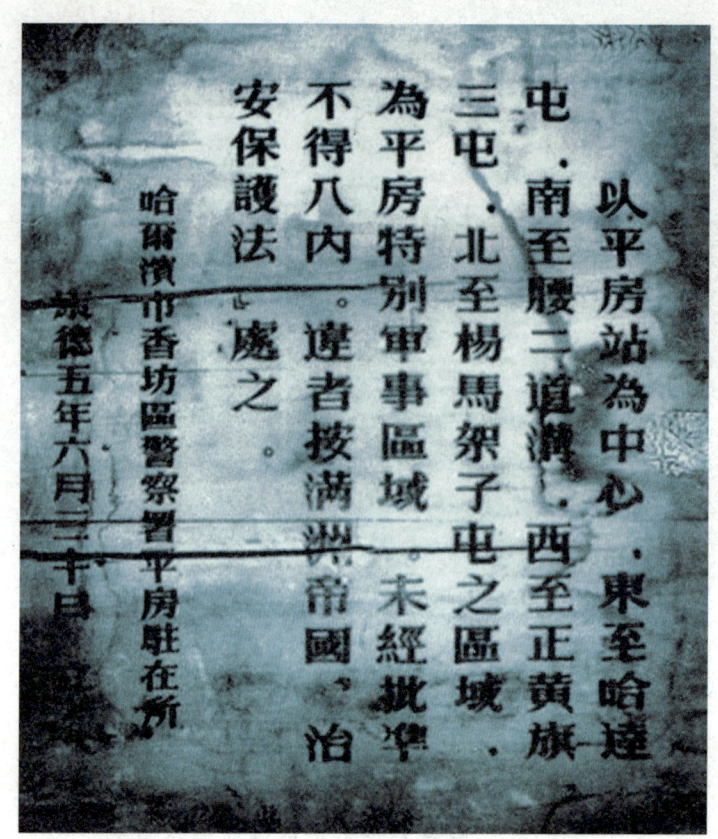
▲ 731部队位于哈尔滨平房，这是当时的特别军事区域界碑

布在东北、浙江等地区，最大的遗弃点在吉林省。

二战结束后，美国为了获得日本生化武器的研究资料，与石井四郎作了一笔堪称人类历史上最肮脏的交易。1947年5月，石井四郎第一次接受美国生化武器专家的审讯。石井四郎提出，以他掌握的人类试验资料为条件，要求美国撤除对他本人及其下属的战争罪起诉。美国与石井四郎在远东国际法庭上达成交易，731部队没有一个人受到起诉。而在德国，集中营里的杀人医生都被判处绞刑。1959年10月9日，这个恶贯满盈的战争狂人，因患喉癌，死于东京。

植物杀伤剂：热带雨林中的罪恶

美军在越南战争中大量使用植物杀伤剂，毁灭森林和庄稼。美军仅在通往西贡的主要航线周围稠密的红树林地区就撒布落叶剂350吨，面积104平方公里。在所有毁坏森林的落叶剂中后果最严重的是橙色剂，它内含二噁英，毒性非常大。越南农民把橙色剂袭击过的地方称作死亡地带。

美国的化学武器给越南带来巨大后患。植被遭到大面积彻底毁灭，土壤养分易于流失，造成生态衰竭。在曾经覆盖着热带雨林的地方，现在只有齐腰高的"美国草"，这是一种干燥易碎的灌木丛，连家畜和野生动物都不吃。二噁英这种致癌物质已进入当地的生态系统，对环境造成严重污染。

越南当局2000年针对橙色剂和其他落叶剂对本国人民的影响进行了调查，估计全国有60万人由于接触了落叶剂中的二噁英残留物而患了重病。

贫铀弹：造成严重的生态灾难

1999年科索沃战争中，北约猛烈轰炸了南联盟大批的炼油厂、化工厂、化肥厂、油库等，燃起冲天大火，导致大量有毒物质泄漏，造成严重的生态灾难。潘切沃炼油厂经过7次轰炸后,多瑙河上20多公里长的河面被石油覆盖,河里鱼类大量死亡。南联盟一些地区出现大气污染和植物落叶现象,土壤也受到污染,造成的环境危害将持续很长的时间。北约承认,对南联盟投了3万多枚贫铀弹,贫铀弹有微弱的放射性,它在撞击后可形成流动的气雾,对人体和环境都有严重的危害。

战争中所使用的武器不仅直接破坏地球表面的土壤结构、污染河流,而且还有大量包括生化武器在内的武器将遗留在陆地和水域中,形成持久且可怕的环境隐患。而战争造成的大量环境破坏迫使居民逃到其他地区去寻找食物、住处和燃料,形成大量环境难民,在中美洲、非洲和中东都可见到这样的难民。

化学武器:穷人的原子弹

生物武器主要针对人使用,所以对自然环境的影响比较小。而化学武器的生产技术与杀虫剂和工业化学制品的生产有紧密联系,非常容易制造。被称为"穷人的原子弹"的化学武器,对环境具有长期的潜在影响。1992年11月30日,联合国通过了《禁止化学武器公约》,这一公约自1997年4月29日起正式生效,比《禁止生物武器公约》晚生效20年,但公约的履行情况不尽如人意。

伊拉克战争之前,美军有两个担心,都与化学武器相关。美军担心萨达姆命令军队用火炮施放芥子气和神经性毒气来对付向巴格达推进的美军地面部队,或者用无人驾驶飞行器向毗邻国家及附近的美军基地施放致命的生物制剂。另一个担心是伊拉克将油井点燃。伊军1991年从科威特撤出时点燃了科威特油井,用了9个月的时间大火才被扑灭。当时,萨达姆已经把伊拉克1500口油井中的一些用电线串联起来,以便根据形势随时点燃。这两点担心一旦成为现实,除了巨大的人员伤亡以外,还将对大气、河流和土地造成长期的污染。

当今世界,信息化战争已逐步登上战争舞台,但生化武器在战争中的特殊功能和作用并未改变。一些国家仍把开发生化武器,争夺生化优势,作为维护安全利益的重要战略手段。国际军控与裁军难以遏制生化领域的对抗、发展和扩散势头。民用生化技术发展带来的潜在危险与国际生化恐怖威胁凸显。全球生化武器的发展已进入隐性竞争与非战争对抗加剧的新阶段。

▶生化武器(沙林毒气榴弹)

信息化战争背景

▲解放军电子干扰部队

信息化武器平台可谓家族庞大,人丁兴旺。它们以信息技术为纽带,通过武器系统的有机融合,不再是一个个单元的简单集合,而是注重武器、火力、平台浑然一体,尤其是完全脱离传统的新型武器,近年来已成为许多国家竞相建设和发展的重点。

网络战武器:在敌方计算机中厮杀

这种武器主要有计算机病毒武器、高能电磁脉冲武器、纳米机器人、网络嗅探和信息攻击技术及信息战黑客组织等。美国防高级研究计划局正在研究用来破坏电子电路的微米纳米机器人,能吸食硅集成电路芯片的微生物。

基因武器:生化武器的升级版

基因武器也被称作遗传工程武器或DNA武器。它运用遗传工程技术,按人们的需要重组基因,在一些细菌病毒或微生物体中植入基因,可以用人工、飞机、导弹或火炮把其投入敌对国的主要河流、城市或交通要道,让病毒自然扩散繁殖,使人畜在短时间内患上一种无法治疗的疾病,从而丧失战斗力。由于这种武器不易发现且难以防治,一些科学家认为,它的破坏性远远超过核武器。

束能武器:让敌方的人变瞎发疯

这种武器能以陆基、车载、舰载和星载的方式发射,突出特点是射速快,能在瞬间烧穿数百公里甚至数千公里外的目标,尤其对精确制导高技术武器有直接的破坏作用,因此被认为是战术防空、反装甲、光电对抗乃至反战略导弹、反卫星的多功能理想武器。在束能武器中,微波射频武器被誉为超级明星,其强电磁干扰能使敌方雷达、通信混乱,能破坏敌方电子设备中的电路,发射强热效应可造成人体皮肤烧灼和眼白内障,甚至烧伤致死。

次声波武器:隔山打老牛

这是一种能发射20赫兹以下低频声波即次声波的大功率武器装置。在空中和海中,它能以每小时1200公里和6000公里速度传播,可穿透1.5米厚的混凝土。它虽然难闻其声,却能与人体生理系统产生共振而使人丧失功能。使人神经错乱或身体不适,进而失去战斗力。在波黑战争中,美军就曾使用次声发生器发射次声波,几秒钟后使对方大批人员丧失了战斗力。次声波武器已被列为未来战争的重要武器之一。

幻觉武器：最直接的心理战

幻觉武器是运用全息投影技术从空间站向云端或战场上的特定空间投射有关影像、标语、口号的一种激光装置。从心理上骚扰、恫吓和瓦解敌军，使之恐惧厌战。据报道，美国在索马里就曾使用过这种幻觉武器进行了一次投影效应实验，把受难耶稣的巨幅头像投射到风沙弥漫的空中。

▲美国军用运输机器人"大狗"

无人作战平台：用机器人打仗

随着微机电、微制造技术的快速发展，微型无人作战平台在军事领域越来越显示出巨大的应用价值。目前，世界研究的微型无人作战平台主要有微型飞行器和微型机器人两大类。在阿富汗战争中，美军装备的无人驾驶飞行器第一次在战场露面就取得了不俗的战绩，它在侦察的同时还能攻击地面上活动的目标，可谓"文武双全"。美国研制的一种可探测核生化战剂的微型机器人，只有几毫米大小，还有一种构想中的"黄蜂"微型机器人，只有几十毫克重，能喷射出腐蚀液或导电液，攻击敌方装备的关键电子部件。

非致命武器："胶水"从天而降

非致命武器指为达到使人员或装备失去功能而专门设计的武器系统。按作用对象，非致命武器可分为反装备和反人员两大类。目前，国外发展的用于反装备的非致命武器主要有超级润滑剂、材料催化剂、超级腐蚀剂、超级粘胶以及动力系统熄火弹等。这种武器可以使敌人及其武器一动就倒、一开就滑、一拿就碎。

气象武器：人为制造自然灾害

气象武器指运用现代科技手段，人为地制造地震、海啸、暴雨、山洪、雪崩、热高温、气雾等自然灾害，改造战场环境，以实现军事目的的一系列武器的总称。随着科学和气象科学的飞速发展，利用人造自然灾害的"地球物理环境"武器技术已经得到很大提高，必将在未来战争中发挥巨大的作用。变天气为武器，让"雷公""电母"下凡参战，已不是异想天开的事了。

◀美军"魔爪"军用机器人

兵器发展大事年表

公元前 700 年

古代雅典人发明三层桨古战船。这种船的速度和机动性，使它在波希战争的决定性战役"萨拉米斯之战"中一战成名。

1161 年

宋金采石之战中，南宋军队使用"霹雳炮"对蒙古军作战。这是火药在战争中首次应用。

1346 年

英法克雷西战役中首次出现炮兵。英军总共使用了 3 门小炮，只能发射 2 磅重的实心炮弹。

1836 年

塞缪尔·科尔特发明左轮手枪并申请专利。这种六响枪在新的得克萨斯共和国大受欢迎，以致科尔特把他成批生产的左轮手枪命名为"得克萨斯"型。得克萨斯骑警队的队长塞缪尔·沃克更亲自前往纽约，与科特商讨手枪的改进问题，其后科尔特制造的这种新型号手枪被命名为"沃克"型。

1863 年

法国建造了"潜水员"号潜水艇，它以压缩空气瓶内的压缩空气推动活塞式发动机作为动力，这是世界上第一艘机械动力潜艇。1881 年，爱尔兰籍美国人约翰·霍兰建造了一艘安装有一台 15 马力汽油内燃机的"霍兰－II"型潜艇，这是世界上第一艘内燃机动力潜艇。

1864 年

诺贝尔在斯德哥尔摩的海伦坡的实验室，用雷酸汞制成雷管，成功引爆了硝化甘油。同年，他取得了这项发明的专利权。

1864 年

意大利人卡瓦里提出了用螺旋线膛炮发射锥头圆柱体爆炸弹的设想，并制成了世界上第一门螺旋线膛炮，重 14 千克，使用 2.3 千克的炸药，这是火炮结构上的一次重大变革。

1903 年

莱特兄弟制造的第一架飞机"飞行者 1 号"，于 12 月 17 日在美国北卡罗来纳州试飞成功，这是人类首次驾驶飞机飞行成功。

1904 年

日俄战争中，俄军远程火炮无法攻击相距甚近的日军，于是就把 47 毫米口径的海军炮装在一种车轮式的炮架上，以大仰角发射超口径长尾型炮弹，射角为 45°～65°，射程 52～400 米，这就是最早出现的迫击炮。

兵器发展大事年表

1906 年

德国爱哈尔特公司将原来高射炮的雏形——气球炮作改进,诞生了世界上第一门能打飞艇、飞机的专用高射炮。

1905 年

英国无畏号战列舰下水,这是近代海军史上第一艘采用统一型号主炮的战列舰,也是第一艘采用蒸汽轮机驱动的主力舰。

1913 年

俄国将"俄罗斯勇士"号大型飞机改装成"伊里亚·穆罗麦茨"号轰炸机,这是世界上首架轰炸机。

1915 年

德国专门设计一种带装甲的"容克"式飞机首飞成功,并于1918年投入战争,是世界上最早的歼击轰炸机(强击机)。

1916 年

第一次世界大战中,英军首次使用坦克。该年9月15日,英国和德国军队在索姆河上进行着大规模战斗,英国将坦克投入战场。它有28吨重,乘员8人,侧外呈菱形,采用过顶的重金属履带,刚性悬挂,最大速度为6公里/小时。没有通信设备,主要靠信鸽联络。

1918 年

世界上第一支专用反坦克步枪——"毛瑟"反坦克枪终于应运而生。其口径为13毫米,全重11.8千克,在110米的距离上可击穿装甲目标的20毫米装甲。

1933 年

苏联研制成功BM-13型火箭炮(俗称"卡秋莎"),是世界上第一种多管火箭炮,一次可发射16枚132毫米火箭弹,射程8500米,重新装填时间为5~10分钟。

1942 年

德国试验成功装填新式火箭推进剂的A-4火箭,速度接近每秒2公里,最大飞行高度可达96公里。为了保证命中精确度,弹体安装有自动引导到预定目标的自动控制设备,这是世界首枚导弹,被称为"V-2"。

1945 年

为了促使日本投降,美国用B-29重型轰炸机装载"小男孩"和"胖子"两颗原子弹,分别于8月6日和9日对日本广岛、长崎实施了轰炸,这是人类历史上首次使用原子弹。